观赏水族

世界之美编委会　编著

中国大百科全书出版社

图书在版编目（CIP）数据

观赏水族 / 世界之美编委会编著. -- 北京 ： 中国
大百科全书出版社， 2025. 1. --（世界之美）. -- ISBN
978-7-5202-1718-7

Ⅰ. Q959.4-49

中国国家版本馆 CIP 数据核字第 20258Y0B49 号

总 策 划：刘 杭 郭继艳
策划编辑：张会芳
责任编辑：张会芳
责任校对：梁嬿曦
责任印制：王亚青
出版发行：中国大百科全书出版社有限公司
地 址：北京市西城区阜成门北大街 17 号
邮政编码：100037
电 话：010-88390811
网 址：http://www.ecph.com.cn
印 刷：唐山富达印务有限公司
开 本：710mm×1000mm 1/16
印 张：10
字 数：100 千字
版 次：2025 年 1 月第 1 版
印 次：2025 年 1 月第 1 次印刷
书 号：ISBN 978-7-5202-1718-7
定 价：48.00 元

总　序

这是一套面向大众、根植于《中国大百科全书》第三版（以下简称百科三版）的百科通俗读物。

百科全书是概要记述人类一切门类知识或某一门类知识的完备的工具书。它的主要作用是供人们随时查检需要的知识和事实资料，还具有扩大读者知识视野和帮助人们系统求知的教育作用，常被誉为"没有围墙的大学"。简而言之，它是回答问题的书，是扩展知识的书。

中国大百科全书出版社从 1978 年起，陆续编纂出版了《中国大百科全书》第一版、第二版和第三版。这是我国科学文化建设的一项重要基础性、标志性、创新性工程，是在百年未有之大变局和中华民族伟大复兴全局的大背景下，提升我国文化软实力、提高中华文化国际影响力的一项重要举措，具有重大的现实意义和深远的历史意义。

百科三版的编纂工作经国务院立项，得到国家各有关部门、全国科学文化研究机构、学术团体、高等院校的大力支持，专家、学者 5 万余人参与编纂，代表了各学科最高的专业水平。专家、作者和编辑人员殚精竭虑，按照习近平总书记的要求，努力将百科三版建设成有中国特色、有国际影响力的权威知识宝库。截至 2023 年底，百科三版通过网站（www.zgbk.com）发布了 50 余万个网络版条目，并陆续出版了一批纸质版学科卷百科全书，将中国的百科全书事业推向了一个新的高度。

重文修武，耕读传家，是我们中国人悠久的文化传承。作为出版人，我们以传播科学文化知识为己任，希望通过出版更多优秀的出版物来落实总书记的要求——推动文化繁荣、建设中华民族现代文明，努力建设中国式现代化强国。

为了更好地向大众普及科学文化知识，我们从《中国大百科全书》第三版中选取一些条目，通过"人居环境""科学通识""地球知识""工艺美术""动物百科""植物百科""渔猎文明""交通百科"等主题结集成册，精心策划了这套大众版图书。其中每一个主题包含不同数量的分册，不仅保持条目的科学性、知识性、准确性、严谨性，而且具备趣味性、可读性，语言风格和内容深度上更适合非专业读者，希望读者在领略丰富多彩的各领域知识之时，也能了解到书中展示的科学的知识体系。

衷心希望广大读者喜爱这套丛书，并敬请对书中不足之处给予批评指正！

《中国大百科全书》编辑部

"世界之美"丛书序

　　美是一个哲学概念，也是人类实践作用于客观现实世界产生的结果和产物。对美的问题的哲学探讨最终不外乎三个方向或三种线索，或从人的意识、心理、精神中，或从物质的自然形式、属性中，或从人类实践活动中来寻求美的根源和本质。审美是人们在观赏具有审美价值的事物时，直接感受到的一种特殊的愉快经验。"世界之美"丛书旨在成为反映美的载体，通过《宝石》《芳香植物》《观赏植物》《观赏水族》《鸟》《名建筑》《服装》等分册，带领读者踏上一段寻美、赏美的旅程。

　　《宝石》分册，让我们一起认识璀璨耀眼的宝石。从红宝石如烈焰般炽热的红色、蓝宝石深邃如海的蓝色、祖母绿清新欲滴的绿色，到黄玉温暖明亮的黄色，每一种宝石以其独特的魅力，串联起人类文明的发展脉络，彰显着人们对美好生活的向往与追求。

　　《芳香植物》分册，让我们打开嗅觉，一起去寻找能使人神清气爽、精神愉悦的植物。这些植物或全株或仅某些器官组织含有芳香成分，提取加工后可用来增加美感和吸引力。

　　《观赏植物》分册，我们主要从视觉层面感受形态各异的植物，从高大的乔木到低矮的灌木，从细长的藤蔓到宽大的叶片，每一种植物都有其独特的形态美；色彩上，从单一的绿色到多彩的花朵，再到变化多端的叶色，都能给人带来美的享受。

　　《观赏水族》分册，让我们一起走近各种珍奇的水生生物，通过五彩斑斓的水族世界感受自然之美,唤起对生活的热爱和对生命的敬畏。

《鸟》分册,我们踏上了寻美探美之路,一起领略鸟儿如同天空中的舞者在飞翔时的姿态万千,解读鸟类充满美感的行为,聆听悠扬的鸟鸣声,从而提高对鸟类保护的意识。

《名建筑》分册,我们认识了建筑能通过造型式样、色彩装饰等直接诉诸人的感官的形式美,也普及了建筑体现的时代性、民族性、地域性文化特征,即建筑的时代精神和社会物质文化风貌。

《服装》分册,我们放眼世界,了解那些实用又美观的服装。服装美学具有时尚性、流行性,其形式构成要素是形式美,增强了人的仪表美,推动了社会美、生活美的进化。

"世界之美"丛书如同一扇扇通往不同世界的大门,让我们得以窥见这个世界的绚丽多姿与独特魅力。在阅读过程中,帮助我们感受人类文明的辉煌成就与智慧结晶;通过书中知识,帮助我们更好地理解美的形式,从而保护与珍惜已有的美,创造更多的美。让我们翻开这些书页,一起触摸、嗅闻、发现、聆听、传递美,不断地追求美。

世界之美丛书编委会

目　录

第1章　海水观赏鱼　1

第2章　淡水观赏鱼　31

第3章 观赏虾类 93

第4章 观赏贝类 99

第5章 观赏龟鳖 105

第1章

海水观赏鱼

海水观赏鱼是指生活在大西洋、印度洋、太平洋等热带珊瑚礁浅水海域的海水鱼类。

海水观赏鱼色彩艳丽、形态奇特，具有较高的观赏价值，在分类上主要为雀鲷科、蝴蝶鱼科、盖刺鱼科、隆头鱼科、刺尾鱼科、篮子鱼科、海龙科、鳞鲀科等种类，常见种类有小丑鱼、蝴蝶鱼、关刀鱼、海水神仙鱼、倒吊、炮弹、狐狸鱼、飘飘、草莓、海龙、狮子鱼等。

◆ 形态特征

海水观赏鱼体色多变，通常有白色、黑色或其他颜色的条纹，与周围环境拟态性高，尤其是蝴蝶鱼科种类在背鳍后端通常有"假眼"可以迷惑敌害。盖刺鱼科种类在幼鱼阶段，身上布满蓝色条纹，至成年后一些颜色与花纹消失；刺尾鱼科种类尾柄两侧通常有尖锐的倒刺；鳞鲀科大多数种类没有腹鳍，腹鳍退化成一根棘刺或小突起，背部有一道可以自行竖立的背鳍，游泳姿态比较奇特，仅靠背鳍和臀鳍推进；篮子鱼科种类的背鳍、臀鳍、尾鳍上长有坚硬且长的刺，鲉科种类的各个鳍条更是特化成一根根硬刺，刺的根部会分泌毒液；海龙科的海马因鳍退化，仅有1个背鳍，只能靠尾巴把身体固定在珊瑚或海藻枝节上。

◆ **生活习性**

海水观赏鱼喜爱生活在珊瑚礁水域，雀鲷科小丑鱼则需要与海葵共生。养殖最适水温 26～28℃，海水比重为 1.020～1.023，养殖水体亚硝酸盐含量要非常低。大部分海水观赏鱼（如雀鲷科、盖刺鱼科）为杂食性，刺尾鱼科多数种类以藻类为食，鲀科和鲻科等为肉食性，隆头鱼科的一些种类（如飘飘）则喜食大型鱼类口中的寄生虫，盖刺鱼科、鳞鲀科、篮子鱼科等种类还会破坏软珊瑚和硬珊瑚。在人工饲养时，主要投喂鲜碎肉、冰鲜动物性饵料和人工专用配合饵料等。

大多数海水观赏鱼为雌雄异体，卵生。雀鲷科小丑鱼存在双性逆转情况，而隆头鱼科性逆转较普遍，通常由雌性转变成雄性。鲻科鱼类多数为雌雄同体（如双色草莓）。海龙科雄海马具有育儿囊，可以确保受精卵顺利孵化直至"分娩"。

◆ **人工繁育**

由于海水观赏鱼对水温、水质、底质、饵料等要求比较高。美国、德国、法国、日本及中国的一些水族馆、研究机构及公司已对这些鱼类进行人工繁育，可人工繁育的海水观赏鱼类仅 300 多种，但真正实现商业化生产的仅 30～40 种。

海 马

海马是动物界脊索动物门硬骨鱼纲刺鱼目海龙科海马属鱼类统称。珍贵海产药用鱼类。海马因头部如马头而得名。

◆ **形态**

　　海马体侧扁，较高。腹部凸出。躯干部横断面七棱形，由 10～12 节体环组成，各体环愈来愈连在一起，以致不能弯曲；有些种类的各环节上尚有特别凸出的棘状突起；也有些种类的体环上还生有枝状的皮质突起。尾部四棱形，尾端渐细，常卷曲，尾环 32～42 个。海马头部的位置在鱼类中，甚至在海龙科中也是最特殊的，不是和身体的纵轴在同一水平线上，而是与躯干部呈直角，顶部具凸出头冠，冠顶有数个尖锐或短钝小棘。每节体环具 6 个突起或小棘。眼眶上方及颊部均有小棘。吻细长，管状。口小，前位。无牙。鳃部隆起，鳃盖上常有放射状的峭纹；鳃孔小，呈圆孔状，位于头后侧上方。眼中等大，圆形；眼眶凸出，常有骨质棘，头顶部一般凸出，形成头冠。无侧线。各鳍均无鳍棘，鳍条一般均不分枝。背鳍位于躯干及尾部之间的背方。臀鳍短小。胸鳍扇形。无腹鳍及尾鳍。雄鱼腹部具育儿囊，开口近肛门。体无鳞，由骨质体环所包。海马体呈淡黄色及至黑褐色。海马有些种类的眼上方具有放射状带纹，背鳍上或有暗色纵带，海马体环和尾环的数目，背鳍和胸鳍的鳍条数目、头冠的大小，以及吻管的长短，通常是分类学上从外部形态来鉴别海马种类的特征。

◆ **种类**

　　全世界海马种类约 25 种，产中国者 6 种。即：①日本海马。分布于中国渤海、黄海、东海和南海北部海域以及朝鲜和日本。②冠海马。偶见于中国黄海和渤海，在朝鲜和日本是常见种。③刺海马。偶见于中国广东沿海海域，但在印度洋和太平洋分布颇广，东非、红海、印度、新加坡、印度尼西亚、朝鲜和日本均有分布。④克氏海马。主要分布于印度洋和太平洋内，夏威夷群岛亦有分布。⑤库达海马。体形较大，经济价值极高，一般中药店都采用此种海马，中国台湾地区、粤东海域和海南岛均有分布，也见于朝鲜和日本海域。⑥斑海马。与库达海马相似，体形较大。其中，养殖数量最多的是斑海马、库达海马、日本海马和刺海马。

◆ 分布

海马广泛分布于热带、亚热带及温带海域北纬 52°～南纬 45°，其中 70% 分布于印度洋—太平洋和西大西洋。自印度洋非洲东岸、印度、印度尼西亚、澳大利亚、中国、菲律宾、日本至太平洋中部诸岛沿海海域均有分布，也见于大西洋非洲沿岸和地中海、黑海等。中国沿海均产海马。

◆ 生活习性

海马栖息于风浪平静、水质澄清、藻类繁茂的暖温性沿海内湾低潮区。海马有时以尾部缠绕在漂浮的海藻上，随波逐流；主要靠胸鳍和背鳍的扇动而游泳，身体伸直，接近水面，水平游动时速度较快，有时尾部卷曲做直立游泳，速度较慢。海马依靠骨板、保护色及拟态避害和诱食饵料，在海藻中体色为黄绿色和绿褐色，在黄红色沙底中体呈黄棕色。适温 10～33℃，最适温度 26～28℃，40℃ 时死亡。长时间在 10℃ 条件下也会死亡。但日本海马在 5℃ 和 36℃ 的水温条件下，尚能耐受相当时间。海马能在较高盐度的海水中和咸淡水中发育生长。但盐分过低时会引起死亡。

海马喜栖于含氧量较高的水中。一般要求溶解氧在 3 毫克 / 升以上。

短吻海马

刺海马

库达海马

地中海海马

布朗海马

斑海马

当水中的含氧量降至 2 ～ 2.3 毫克 / 升时食欲减少，浮头，呼吸加快，时间长或进一步缺氧则窒息死亡。在水质恶劣、氧气不足或受敌害侵袭时，海马会收缩咽肌，发出咯咯的声音。在傍晚至清晨间光线较弱时，海马一般不活动、不摄食，夜晚有趋光性。幼海马更喜趋光集群。白天光线过强时则隐蔽于阴处。在黑暗中生活数天后会失明。养殖场的光照度以 1000 ～ 10000 勒克斯为宜。

幼海马主要摄食桡足类的无节幼体，成体主要摄食糠虾、毛虾、磷虾、钩虾和对虾的幼体等虾类。海马喜食活饵，也食死饵；水质不良时食欲减退或停食，水温降至 18℃ 时摄食量显著减少，12℃ 时完全停食。

◆ **繁殖**

斑海马和大海马长至 120 ～ 140 毫米时性成熟，并开始繁殖。25 ～ 28℃ 为产卵期最适水温。海马雌雄个体常在凌晨发情，雄鱼追逐雌鱼达高峰时，雌、雄鱼体紧靠，腹部相对，直立游泳，雄鱼张开育儿囊，与雌鱼生殖乳突相接。此时雌鱼将卵产于雄鱼育儿囊中，并在此刻受精。受精卵在育儿囊内发育。仔鱼在 28 ～ 30℃ 水温时经 10 ～ 12 天孵出。海马每年能繁殖数胎至 10 余胎，每胎产仔数百尾至 1200 余尾，最多达 1900 多尾。海马寿命 2 ～ 5 年。

◆ **养殖概况**

斑海马和大海马因有个体大、生长快、适温范围广、寿命长、产仔多、药用价值高等优点，为养殖的好品种。1957 年，中国开始养殖海马并取得成功；此后许多沿海省份开始养殖。海马养殖场一般选在有淡水流入、饵料来源丰富、糠虾大量繁殖、与海马生活环境相近的港湾，最好在风浪小、水质清、海水比重为 1.006 ～ 1.025 的低中潮浅海边。海马养殖池一般是水泥池，分为育苗池、幼鱼池和成鱼池 3 种。

海马种苗来源依靠天然捕捞和人工繁殖。亲海马经精养发育成熟后，在水温 20℃ 以上时，将雌、雄海马按 1：1 混养，以便交配。雄海马经 10 ～ 20 天的孕育期即开始产仔。仔鱼移至育苗池饲养，以防亲鱼吞食。30 天后幼鱼长至体长 50 ～ 60 毫米时逐渐分养至幼鱼池。两个多月后，体长达 100 毫米时移至成鱼池。日水温差不宜超过 2℃。夏季需每天换水。海马饵料为活虾、桡足类、端足类、幼糠虾、无节幼体等。一般在 11 月中旬开始越冬。越冬海马要选择健壮、活泼、体长在 120 毫米以上的 1 ～ 2 年生的种海马越冬。雌、雄比例基本相等。越冬水温控制在 15 ～ 16℃。人工养殖过程中常见的肠炎病可用土霉素灌注治疗；车轮虫病可用硫酸铜和高锰酸钾混合液浸泡病鱼治疗；气泡病可通过经常换水、遮阳、病鱼用针刺破气泡等方法防治。海马饲养 1 年以后，通常在越冬前或繁殖季节采收。洗净、晒干、防潮保藏。

◆ 价值

海马素有"南参"之称。性温，味甘无毒，用作中药时功能补肾壮阳、镇静安神、散结消肿、舒筋活络、止咳平喘、强心、催生。用于治疗阳痿、不育、虚烦不眠、哮喘、腰腿病、跌打损伤、外伤出血、腹痛、难产及神经衰弱效果显著。还可用于治疗结核性瘘管。

日本海马

日本海马是海龙目海龙科海马属一种。又称莫氏海马。广泛分布于中国的渤海、黄海、东海，以及朝鲜和日本近海，以黄海和渤海资源量最多；日本海马呈明显的季节性分布，夏季主要以浅海区域栖息；东南亚、印度洋沿海区域也有少量分布。

◆ **形态特征**

日本海马头冠低，吻管短小，长度仅为头长的1/3，体环11，尾环39。头部仅眶上棘比较明显，其余棘皆比较短。全身仅第1、7、11体环和第5、9、13尾环的背侧棘状突比较明显。躯干部腹缘较锐。背鳍基底较长，鳍条15～18，始于第10体环，止于第2尾环的中部。日本海马体色一般为黑色或者黄色，有不规则的浅色花纹，背鳍有暗褐色纵带。

◆ **生活习性**

日本海马栖息于近岸海域的浅海中，主要在水的中、下层活动。以浮游动物为食，尤其以小型枝角类、片脚类为主，为杂食性鱼类。日本海马繁殖习性特殊，成年雄鱼躯干与尾部交接处有囊状的育儿袋结构，雌鱼将卵排入雄鱼育儿袋中，受精卵在雄鱼的育儿袋中发育成熟。日本海马的生殖季节为春末到秋初，通常每年6～9月在近岸交配繁殖，受精卵在育儿袋中15～30天孵化。根据日本海马的年龄和体质状况，每批产幼在200～800尾；初孵仔鱼无卵黄及油球，仔鱼5～8个月即可达性成熟。

◆ **养殖概况**

日本海马是重要药源鱼类，能够在海水中小规模养殖，日本海马的栖息适温为15～30℃，最适养殖水温在20～25℃，在北方地区可自然越冬；越冬期间少食、少动，停止交配与产卵等繁殖行为。正常养殖的 2 龄成体日本海马可产幼 400 尾 / 批左右，初生幼苗以轮虫和刚孵化卤虫等为主要开口饵料，月龄海马以桡足类为主要饵料。中国沿海地区有小规模日本海马养殖，主要集中在山东半岛、福建沿海海域，日本、韩国曾有少量养殖，但尚未见商业化养殖报道。

雀 鲷

雀鲷是动物界脊索动物门硬骨鱼纲鲈形目雀鲷科鱼类。主要分布于大西洋和印度洋—太平洋热带水域。

◆ 形态特征

雀鲷体高，尾鳍叉形，类似近缘的丽鱼，且像丽鱼一样，头两侧各具一个鼻孔。许多种类色彩鲜明，色调常呈红、橙、黄或蓝色。雀鲷体长大多在 15 厘米以内。性活泼，行动敏捷，占域行为明显，进攻性强。

◆ 种类

雀鲷约 250 种，主要观赏种类有：①小丑鱼。又称双锯鱼小丑鱼。红白相间，原生于印度洋和太平洋较温暖的水中，杂食性，低经济；水族馆常见种类。②三间雀鱼。体呈银白色，体侧有 3 条较宽的黑褐横带。腹鳍为黑色。体长 60 毫米。系海洋暖水性鱼类。分布于印度

五线雀鲷

西太平洋海域，活动于珊瑚礁区，聚群生存，觅食各类有机物碎屑及小型猎物。可作为观赏鱼。③蓝雀鲷。体色光亮娇艳，鱼体上半部分为浅蓝色，下半部分为深蓝色；腹部和尾部呈米黄色，杂食性，可喂食人工饲料或活饵，分布于印度洋—西太平洋区。④三斑雀鲷。体呈椭圆形而侧扁，体黑褐色，各鳍颜色较淡但绝无黄色。分布于印度洋—西太平洋区幼鱼及成鱼皆一样，喜独居且有领域性。⑤光鳃鱼。身体的上半部分为粉红色，下半部分为灰绿色，分布于印度洋—西太平洋区，中小型之雀鲷，可食用，一般不为渔获对象鱼。有人将其作观赏鱼之用。⑥豆娘鱼。身上有六道深绿色的条纹，其中黄、蓝相间，暖水性鱼类。广泛分布于印度洋—太平洋区，中小型之雀鲷，可食用，一般不为渔获对象鱼。有人将其作观赏鱼之用。

◆ 生活习性

鲷科鱼类生活习性依不同种间差异很大，有成群小范围巡游于水层中觅食浮游动物之豆娘鱼属；有极具领域性，偏草食性的真雀鲷属；还有平常于枝状珊瑚上觅食浮游动物，遇有敌踪即躲入珊瑚丛中的圆雀鲷属；甚至有栖所专与海葵共生的海葵鱼属，演化多样性。此外，本科鱼类具有特殊的繁殖求偶行为，如护巢、护卵等。有些鱼则有性转变，如圆雀鲷属的小鱼一群聚中只有一尾雄鱼，其余均为雌性，但当此雄鱼死亡或离开后，其中一尾雌鱼很快转变成雄鱼来替代之。海葵鱼属的性别转变则反之。

◆ 经济价值

本科鱼种除少数温带鱼属可长至30厘米而具有经济价值外，其余各种最大体长均在 10 ～ 15 厘米，故少有食用价值。但少数色彩鲜艳的鱼种为热带水族养殖宠物，其中以海葵鱼最受欢迎。有些种类已可在水族缸中繁殖。

关刀鱼

关刀鱼是动物界脊索动物门硬骨鱼纲辐鳍鱼亚纲鲈形目蝴蝶鱼科中一类形似关刀的海水观赏鱼的统称，是蝴蝶鱼科中较易饲养的一类观赏鱼。

◆ 分布

关刀鱼分布于大西洋（热带至温带）、印度洋和太平洋，主要分布于印度洋与西太平洋的热带珊瑚礁海域。

◆ 形态和种类

关刀鱼种类众多，颜色艳丽，花纹独特，体形如中国传统的关公大刀，故名。不同品种的形态存在较大差异，主要按照体形、花纹、鱼鳍进行分类。身体极侧扁，头部短小，吻小而尖，背部高而隆起，整个身体侧面成近似三角形的碟状，扁平的躯体利于其在珊瑚礁岩缝中穿梭。关刀鱼多数品种背鳍细长而高耸。体色和花纹往往与所在区域的珊瑚颜色相似，形成环境色，便于隐匿。成鱼体长通常在 15 ～ 25 厘米，有些品种如花关刀体长可达 30 厘米。观赏鱼市场常见的品种有黑白关刀、印度关刀、魔鬼关刀等。

◆ 生活习性

关刀鱼为暖水性小型珊瑚礁鱼，多栖息于珊瑚礁、潟湖、近海沿岸及外礁斜坡的深水地带，肉食性，以动物性浮游生物、珊瑚虫、小型甲壳类为食，也会捕食小型无脊椎动物。在饲养条件下，可投喂鲜碎肉、冰鲜动物性饵料和人工配合饲料等。关刀鱼性情温驯、胆怯，动作敏捷，常隐身于珊瑚礁石之间。幼鱼偶尔会摄食其他鱼类表皮上的寄生虫。

倒　吊

倒吊是动物界脊索动物门硬骨鱼纲鲈形目粗皮鲷科鱼类。又称刺尾鱼。

倒吊广泛分布于太平洋和印度洋的热带珊瑚礁海域。侧面轮廓高而扁平，体形呈椭圆形，尾部尾柄两侧长有尖锐的倒刺，用来争夺领地和防身。鳞片末端有小突起，给人皮肤粗糙的感觉。

主要观赏种类有：①黄倒吊。刺尾鱼属 1 种。分布于印度洋及太平洋之间海域。黄色卵圆形的身体，眼睛及鳃盖周围带有蓝圈，成鱼后会变成黄褐色。草食性。水族箱饲养条件下最大体长可达 19 厘米。宜饲养在体积在 200 升以上的无脊椎动物造景水族箱中。②七彩吊。俗称花倒吊。分布于太平洋岩礁海域。身体大部呈巧克力色，面部白色，背鳍及臀鳍底部亮黄色，各鳍带白边。水族箱饲养条件下最大体长可达 20 厘米。宜饲养在体积在 200 升以上的无脊椎动物造景水族箱中。③天狗倒吊。又称日本吊。分布于印度洋及太平洋之间海域。夏威夷地区的天狗倒吊往往比其他地区的颜色更艳丽。发育期，夏威夷天狗倒吊呈暗灰色，背鳍带蓝条纹，尾鳍带橘色条纹。水族箱饲养条件下最大体长可达 45 厘米。宜饲养在体积在 500 升以上的无脊椎动物造景水族箱中。

④蓝倒吊。又称太平洋蓝吊。分布于印度洋及太平洋之间海域，成群栖息于离海底 1 ～ 2 米的礁石区。因其卵圆形身体及黑色粗条纹而易区别于其他倒吊种类。体深蓝色，眼后及体侧上半部黑色，尾柄及尾鳍上下

黄倒吊

七彩吊

天狗倒吊

蓝倒吊

黄三角倒吊

珍珠大帆倒吊

边黑色。水族箱饲养条件下最大体长可达 26 厘米。宜饲养在体积在 300 升以上的无脊椎动物造景水族箱中。杂食性。⑤黄三角倒吊。刺尾鱼科高鳍刺尾鱼属 1 种。分布于印度洋及太平洋之间礁岩海域。头三角形，嘴尖前突，眼睛位于头顶，身体前端高。体色金黄。水族箱饲养条件下最大体长可达 15 厘米。宜饲养在体积在 200 升以上的无脊椎动物水族箱中。杂食性，可喂以藻类、动物性饵料以及人工饲料。⑥珍珠大帆倒吊。刺尾鱼科高鳍刺尾鱼属 1 种。又称印度大帆吊、红海大帆吊。分布于印度洋及太平洋之间礁岩海域。身体呈暗色底色带明亮条纹及斑点。尾鳍蓝色带白斑点。亚成鱼比成鱼颜色鲜艳。水族箱饲养条件下最大体长可达 40 厘米。宜饲养在体积在 400 升以上的无脊椎动物造景水族箱中。

倒吊宜饲养在相对密度为 1.022 的海水中，水温要求为 26～28℃。此科鱼食欲旺盛，喜食藻类，一天须多次投喂，能够接受冰鲜饵料和人工配合饵料。

小丑鱼

小丑鱼是动物界脊索动物门硬骨鱼纲鲈形目雀鲷科小丑鱼属。看起来像马戏团中小丑的面貌，故得名"小丑鱼"，是海水观赏鱼之一。

◆ 形态特征

小丑鱼体形怪异，体色多变，通常体侧有白色条纹。泳姿优美，行动敏捷，活泼。小丑鱼身上有一种黏液可以避开海葵刺细胞的伤害。小丑鱼与海葵的关系有一些"共生"的意味：当受到凶猛鱼类攻击时，小丑鱼会钻入海葵中躲避敌害；而小丑鱼进食时不免留下一些残饵，这些残饵可以引诱其他鱼类靠近海葵，帮助海葵捕捉猎物。

◆ **种类**

小丑鱼主要代表种类有：①红小丑鱼。分布于印度洋群岛海域。体色有鲜红、紫红、紫黑等，眼睛后方的一条银白色环带似发光项圈。水族箱饲养条件下最大体长可达 12 厘米。宜饲养在体积在 150 升以上无脊椎动物造景水族箱中。②公子小丑鱼。学名眼斑双锯鱼，别称眼斑海葵鱼。分布于西太平洋珊瑚礁海域。体椭圆形而侧扁。吻短而钝。眼中大，上侧位。口小。体被细鳞。背鳍单一。雄、雌鱼尾鳍皆呈圆形。体一致呈橘红色，体侧具 3 条白色宽带，分别为眼后白带呈半圆弧形；背鳍下方的白带呈三角形；尾柄上为垂直白带，幼鱼没此带。各鳍具黑色缘。水族箱饲养条件下最大体长可达 15 厘米。宜饲养在体积在 200 升以上无脊椎动物造景水族箱中。③黑公子小丑鱼。为公子小丑鱼的变异种。分布于西太平洋珊瑚礁海域。体呈黑褐色至深黑色。幼鱼体色与一般的公子小丑一样是橘红色。水族箱饲养条件下最大体长可达 11 厘米。宜饲养在体积在 100 升以上无脊椎动物造景水族箱中。④双带小丑鱼。分布于印度洋和西太平洋岩礁水域。水族箱饲养条件下最大体长可达 10 厘米。宜饲养在体积在 100 升以上无脊椎动物造景水族箱中。⑤鞍背小丑鱼。又称马鞍公、鞍背小丑。分布于印度洋和西太平洋岩礁水域。水族箱饲养条件下最大体长可达 10 厘米。杂食性。宜饲养在体积在 100 升以上无脊椎动物造景水族箱中。

◆ 生活习性

小丑鱼宜饲养在相对密度为 1.022 的海水中，水温要求为 25 ~ 28℃。小丑鱼好斗。杂食性。饲养时可投喂藻类、浮游动物和人工专用配合饵料。小丑鱼在成长过程会发生性别变化，但截至 2019 年

红小丑鱼

公子小丑鱼

黑公子小丑鱼

双带小丑鱼

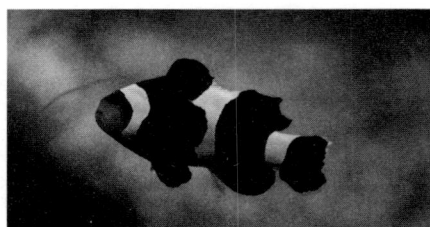

鞍背小丑鱼

尚未发现雌鱼变成雄鱼。一般来说，一群鱼中最强大的一条会发育成雌鱼，而仅次于它的一条会发育成雄鱼，其余为不显性别的小鱼。将要产卵的小丑鱼会用嘴仔细清除欲产卵区域的藻类和污物等作为将来的产卵床，用尾鳍拂去周围的沙土，并驱逐其他鱼。其后，雌鱼腹部伸出几毫米长的产卵管，将卵一粒粒地产下。雄鱼也像雌鱼一样，在卵上摩擦射精，雄雌鱼交替产卵、射精，约 1 小时产完卵。产卵数 100 ～ 1000 枚。孵化期 7 ～ 10 天。亲鱼有护卵习性。

海水神仙鱼

海水神仙鱼是硬骨鱼纲鲈形目盖刺鱼科鱼类，可供观赏。

◆ 分布

海水神仙鱼广泛分布于世界各热带的海域，但绝大多数生活于西太平洋，尤其是珊瑚礁海域。鳃盖上长有棘刺。幼鱼身上的花纹和成鱼不同，因而很难辨别不同品种的神仙鱼幼鱼。

◆ 种类

海水神仙鱼主要观赏种类有：①女王神仙鱼。分布于西太平洋珊瑚礁水域，水族箱饲养条件下最大体长可达 25 厘米。宜饲养在体积在 300 升以上的水族箱中。②国王神仙鱼。分布于东部太平洋岩礁水域。水族箱饲养条件下最大体长可达 23 厘米，宜饲养在体积在 250 升以上的水族箱中。③蒙面神仙鱼。分布于太平洋珊瑚礁水域。水族箱饲养条件下最大体长可达 18 厘米，宜饲养在体积在 200 升以上的水族箱中。④皇帝神仙鱼。分布于印度洋、太平洋及红海水域。水族箱饲养条件下最大体长可达 30 厘米，宜饲养在体积在 300 升以上的水族箱中。⑤极品神仙鱼。分布于西太平洋珊瑚礁水域。水族箱饲养条件下最大体长可达 25 厘米，宜饲养在体积在 300 升以上的水族箱中。⑥蓝面神仙鱼。分布于印度洋和太平洋水域。水族箱饲养条件下最大体长可达 45 厘米，宜饲养在体积在 500 升以上的水族箱中。⑦皇后神仙鱼。分布于印度洋及太平洋水域。水族箱饲养条件下最大体长可达 38 厘米，宜饲养在体积在 400 升以上的水族箱中。⑧耳斑神仙鱼。分布于印度洋及红海珊瑚礁水域。水族箱饲养条件下最大体长可达 45 厘米，宜饲养在体积在 500 升以上的水族箱中。⑨法国神仙鱼。分布于大西洋西部水域。水族箱饲养条件下最大体长可达 40 厘米，宜饲养在体积在 400 升以上的水

女王神仙鱼

国王神仙鱼

蒙面神仙鱼

皇后神仙鱼

族箱中。

饲养海水神仙鱼要求为海水，相对密度为 1.020 ～ 1.025，水温25 ～ 28℃，pH 为 8.2 ～ 8.4。海水神仙鱼属杂食性鱼类，对饵料要求不高，喜食活饵，如小虾或贝肉，饲养时可投喂植物性饵料、动物性饵料和人工专用配合饵料；性好斗，争斗往往发生于相同大小的同种神仙鱼之间，不同品种和不同大小的神仙鱼间一般不会发生。因此，在饲养海水神仙鱼时，最好选择不同品种和不同大小的神仙鱼，且水族箱越大越好。

海 龙

海龙是动物界脊索动物门硬骨鱼纲辐鳍鱼纲刺鱼目海龙科中一类小型海洋鱼类的统称。又称杨枝鱼、管口鱼。

◆ 分布

海龙科已知至少有 58 个属和 307 个种。海龙和海马均为海龙科鱼类，其中海龙是中国沿海渔获习见种，可入药。分布在大西洋、印度洋和太平洋，主要在暖温带至热带。

◆ 形态特征

海龙因形似传说中的龙而得名，种间表型变异丰富。海龙体高大于体宽，长 20 ～ 40 厘米，体侧扁，中部直径 2 ～ 2.5 厘米。头部前位具管状长嘴，口裂小，无牙齿；眼睛较大，圆形，眼距较宽，眼眶凸出；鼻孔每侧两个，较小，不明显。体表没有鳞片，无腹鳍；躯干部有骨环包被，呈七棱形，由躯干向尾端渐细，尾部骨环呈四棱形，尾巴卷曲。鳃盖凸出，鳃孔窄小。常见种类有叶海龙、粗吻海龙、刁海龙、拟海龙等。

◆ **生活习性**

海龙属于近海暖水性小型鱼类，多栖于海洋近岸与岛礁区域的海藻丛中。海龙游动缓慢，以管状长嘴吸食水生生物。海龙善于伪装和藏匿，常常通过模拟生存环境中海草或大型藻类的形态，或躲在洞穴或缝隙中，或通过其坚硬的骨环来避免被捕食。

带状多环海龙

海龙全年皆可繁殖。繁殖时，雌鱼将成熟的卵排入雄鱼腹部或尾部的囊状育儿袋，卵在育儿袋受精孵化，待胚胎发育成熟后由雄鱼"分娩"出来，刚出生的仔鱼即可自由活动，但它们不马上离开亲鱼，一直由雄鱼照料至可以自主觅食。若遇可能的危险，仔鱼可钻入雄鱼的育儿袋躲避，确保其生命安全。

蝴蝶鱼

蝴蝶鱼是动物界脊索动物门硬骨鱼纲鲈形目蝴蝶鱼科。游泳时似飞行中的蝴蝶，故名蝴蝶鱼。有些学者将本科分为蝴蝶鱼科及刺盖鱼科。多用作观赏鱼。

◆ **分布**

蝴蝶鱼约有 18 属 190 种。蝴蝶鱼分布于大西洋、印度洋和太平洋的热带和暖温带海洋珊瑚礁海域。中国产蝴蝶鱼科有 14 属约 57 种，主要分布于南海，只有少部分进入东海南部。

◆ **形态特征**

蝴蝶鱼体甚侧扁而高，菱形或近于卵圆形。口小，前位，略能向前伸出。两颌齿细长，尖锐，刚毛状或刷毛状；腭骨无齿。鳃盖膜多少与鳃峡相连。椎骨 10+14。后颞骨固连于颅骨。侧线完全或不延至尾鳍基。体被中等大或小型弱栉鳞，奇鳍密被小鳍，无鳞鞘。臀鳍有 3 鳍棘；尾鳍后缘截形或圆凸。颜色都特别鲜艳，体色与所在区域的珊瑚颜色相似；在尾柄与背鳍之间常有眼形黑圆斑，这是蝴蝶鱼类的一大特征。蝴蝶鱼的体形和颜色与海水神仙鱼类相近，很容易混淆。

◆ **种类**

蝴蝶鱼主要观赏种类有：①人字蝶。分布于印度洋及太平洋海域。水族箱饲养条件下最大体长可达 19 厘米，宜饲养在体积在 200 升以上的水族箱中。可投喂鲜碎肉、浮游动物性饵料和人工专用配合饵料。②月光蝶。又叫背蝴蝶鱼。分布于印度洋及太平洋岩礁水域。水族箱饲养条件下最大体长可达 21 厘米，宜饲养在体积在 300 升以上的水族箱中。杂食性，可投喂藻类、冰鲜无脊椎动物和人工专用配合饵料。③印度三间蝶。分布于印度洋珊瑚礁水域。水族箱饲养条件下最大体长可达 29 厘米，宜饲养在体积在 400 升以上的水族箱中。杂食性，可投喂藻类、冰鲜无脊椎动物和人工专用配合饵料。④天青蝴蝶鱼。分布于红海珊瑚礁水域。水族箱饲养条件下最大体长可达 14 厘米，宜饲养在体积在 200 升以上的水族箱中。肉食性，可投喂鲜碎肉、冰鲜无脊椎动物和人工专用配合饵料。⑤月眉蝶。分布于印度洋及太平洋岩礁水域。水族箱饲养条件下最大体长可达 21 厘米，宜饲养在体积在 200 升以上的水族箱中。杂食性，可投喂藻类、冰鲜无脊椎动物和人工专用配合饵料。

人字蝶

印度三间蝶

天青蝴蝶鱼

月眉蝶

八带蝴蝶鱼

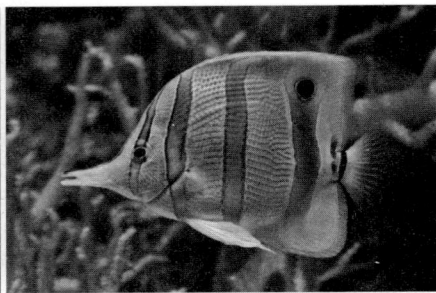

铜间蝴蝶鱼

⑥八带蝴蝶鱼。分布于印度洋及太平洋岩礁水域。水族箱饲养条件下最大体长可达 13 厘米，宜饲养在体积在 200 升以上的水族箱中。肉食性，可投喂鲜碎肉、冰鲜甲壳类动物和人工专用配合饵料。⑦铜间蝴蝶鱼。分布于印度洋及太平洋珊瑚礁海域。水族箱饲养条件下最大体长可达 20 厘米，宜饲养在体积在 200 升以上的水族箱中。肉食性，可投喂鲜碎肉、冰鲜甲壳类动物和人工专用配合饵料。⑧网纹蝴蝶鱼。分布于印度洋及太平洋海域。水族箱饲养条件下最大体长可达 17 厘米，宜饲养在体积在 200 升以上的水族箱中。肉食性，可投喂浮游动物性饵料和人工专用配合饵料。⑨冬瓜蝶。分布于印度洋及太平洋珊瑚礁水域。水族箱饲养条件下最大体长可达 17 厘米，宜饲养在体积在 200 升以上的水族箱中。肉食性，可投喂鲜碎肉、冰鲜甲壳类动物和人工专用配合饵料。

◆ 生活习性

蝴蝶鱼一般个体较小，数量较少。生活在热带珊瑚海区。生性活泼，行动迅速，性胆怯，常隐身于珊瑚礁石间。蝴蝶鱼以浮游甲壳动物、珊瑚虫、蠕虫、软体动物和其他微小动物为食。对水质要求较高，要求海水的相对密度为 1.020～1.023，水温 26～30℃，pH 在 8 以下。很容易因水质改变而产生不适，发生严重的拒食现象。蝴蝶鱼肉食性或杂食性。水族箱饲养条件下最大体长 13～21 厘米，不同种类略有差异。

狐篮子鱼

狐篮子鱼是动物界脊索动物门硬骨鱼纲鲈形目篮子鱼科篮子鱼属的一种。俗称黎猛、泥猛、臭肚鱼、臭都鱼。

◆ **地理分布**

在中国，狐篮子鱼分布于东海和南海；在国外，狐篮子鱼分布于西太平洋海域，从日本南部至澳大利亚。

◆ **形态特征**

狐篮子鱼体长椭圆形，侧扁，背缘和腹缘均较平直。狐篮子鱼头较小，尖突，自眼至吻端的背缘和颊部腹缘均内凹。吻长，尖突，形成吻管。眼中大，上侧位，位于头的背缘。眼间隔两侧平坦，中间具一浅凹。鼻孔每侧 2 个，相距较远。口小，前位。上颌略长于下颌。上颌骨末端伸达前鼻孔下方。两颌具细小而尖锐牙，各 1 行。犁骨、腭骨及舌上无牙。唇发达。鳃孔较宽大，前鳃盖骨边缘平滑，鳃盖膜与峡部相连，鳃耙细弱，为叉状小突起。狐篮子鱼体被小圆鳞，埋于皮下；颊部具小鳞。侧线完全。背鳍单一，鳍棘部与鳍条部之间无明显缺刻，起点前具一向前小棘，埋于皮下；鳍棘尖锐，以第三、四鳍棘最长；鳍条部边缘角状凸出。臀鳍基底短于背鳍，起点位于背鳍第七、八鳍棘下方；鳍棘尖锐；鳍条部与背鳍鳍条部相对、同形，边缘角状凸出。胸鳍位低。腹鳍短于胸鳍。尾鳍浅凹形。狐篮子鱼体呈黄色。

狐篮子鱼

头部自背鳍起点经眼睛至吻端有 1 条宽褐色斜带。前鳃盖至颊部具 1 条银白色斜带，斜带上散布黑色小点。胸鳍基部和腹鳍基底前方黑褐色。体侧常具 1 ～ 2 个黑斑，黑斑有时消失。狐篮子鱼背鳍、臀鳍和尾鳍黄色；胸鳍和腹鳍浅灰色，且具黑边。

◆ **生活习性**

狐篮子鱼为暖水性中小型鱼类。栖息于珊瑚礁或岩礁周围。狐篮子鱼常成群活动，以礁石上附着的藻类为食。狐篮子鱼各鳍鳍棘尖锐且具毒腺，人被刺后感到剧痛。

◆ **经济价值**

狐篮子鱼体色艳丽，常作为观赏鱼类。

少女鱼

少女鱼是动物界脊索动物门硬骨鱼纲鲈形目蝴蝶鱼科少女鱼属的一种。俗称大斑马、褐带少女鱼等。

◆ **地理分布**

少女鱼在中国见于台湾地区北部海域；在国外，分布于印度洋—西太平洋海域，自印度尼西亚到中国、日本沿岸，南至大洋洲西部。

◆ **形态特征**

少女鱼体甚侧扁而高，尾柄短。头较小，吻稍长。眼中大，上侧位。眼间隔稍圆凸。口甚小，口裂略斜，两颌约等长。两颌具绒毛状牙群。唇肥厚，略膨起。前鳃盖骨边缘具细锯齿。鳃孔狭长。鳃盖膜连于峡部。鳃耙细小且弱。少女鱼体被中大栉鳞，上下颌无鳞，胸部及奇鳍上的鳞片较小。腹鳍腋部具腋鳞。侧线完全，延至尾鳍基底。背鳍的鳍条部长于鳍棘部，鳍间无缺刻。臀鳍起点约在背鳍前部第二至第三鳍条下方。胸鳍斜圆，伸达臀鳍起点上方。腹鳍较长，后端伸达臀鳍起点。尾鳍后缘略呈截形。少女鱼浸制标本体灰褐色。头和体侧有 4 条黑褐色横带：第一带由项部向下经眼延伸至腹鳍基部；第二带甚宽，由背鳍鳍棘部向下至腹面与另侧黑带相连，带的上部分为两叉，前缘触及鳃盖后缘、胸鳍基底及腹鳍起点；第三带窄于第二带，由背鳍中部向下至臀鳍中部；第四带在尾柄后部及尾鳍基前端。少女鱼头部背面正中有一黑带，由头顶向下经眼间隔至吻端。背鳍第二鳍棘的鳍膜黑色，鳍条部及臀鳍后缘具一灰边的白色条纹。腹鳍黑色。幼鱼于背鳍软条部具眼斑。少女鱼背鳍Ⅸ -28 ～ 29，因体侧有金色的环状条纹而得名。

◆ 生活习性

少女鱼栖息于岩岸淤沙的水域或具有稀疏珊瑚成长的区域，以海绵为食。

◆ 经济价值

少女鱼为水族观赏鱼类，无食用价值。

丝蝴蝶鱼

丝蝴蝶鱼是动物界脊索动物门硬骨鱼纲鲈形目蝴蝶鱼科蝴蝶鱼属的一种。俗称扬帆蝴蝶鱼、白刺蝶等。

◆ 地理分布

丝蝴蝶鱼在中国产于西沙群岛、南沙群岛、海南岛等海域；在国外分布于印度洋—太平洋，西起红海、东非洲，东至夏威夷、马贵斯群岛及杜夕岛，北至日本南部，南至罗德豪岛及拉帕岛。

◆ **形态特征**

丝蝴蝶鱼最大全长 23.0 厘米，体卵圆形，甚侧扁；头部上方轮廓平直，鼻区处稍内凹；尾柄甚短而高。丝蝴蝶鱼吻较长，圆锥状，向前方凸出。口小，前位，口裂水平。两颌约等长。上颌骨后端不伸达前鼻孔的下方。前后鼻孔距离很近；前鼻孔小圆孔状，具鼻瓣；后鼻孔裂缝状。牙呈细尖刷毛状，在颌上排列呈带状。前鳃盖骨边缘具微细锯齿；鳃盖骨具一弱扁刺。鳃盖膜与峡部相连。鳃耙细弱而短。体被甚大弱栉鳞，菱形，呈斜行排列；头部、胸部、腹部、尾柄及奇鳍上的鳞片很小。腹鳍腋部具小型尖腋鳞。丝蝴蝶鱼侧线不完全，到达背鳍后部数鳍条基底下方。背鳍起点约在鳃盖后缘上方，成鱼第五与第六鳍条末端延长如丝状。臀鳍起点约在背鳍最后鳍棘基部的下方，外廓略圆。胸鳍较短。腹鳍尖形。尾鳍后缘截形或略凸。体前部银白至灰黄色，后部黄色。体侧前上方具 5 长条及 3 短条斜向后上方的暗带，后下方则具 8 ～ 9 条斜向前上方的暗带，二者彼此呈直角交会。由项部向下经眼至间鳃盖缘穿过一黑眼带，眼下部分较宽。背鳍鳍条部边缘黑色，在丝状鳍条的下方有一大于眼径的黑色眼状斑。臀鳍近边缘处有一黑色细带。尾鳍具一前后镶黑边的淡黄横带，后方黑边稍宽；尾鳍后缘透明或微紫色。

◆ **生活习性**

丝蝴蝶鱼栖息于碎石区、藻丛、岩礁或珊瑚礁区，单独、成对或小群游动；主要以珊瑚虫、多毛类、底栖甲壳类、腹足类及藻类等为食。

◆ **经济价值**

丝蝴蝶鱼为著名观赏鱼类，食用价值很低。

马夫鱼

马夫鱼是动物界脊索动物门硬骨鱼纲鲈形目蝴蝶鱼科马夫鱼属的一种。俗称黑白关刀等。

◆ 地理分布

马夫鱼在中国产于西沙群岛、南沙群岛等海域，并在广东沿海地区有所分布；在国外，分布于印度洋—太平洋海域，西起东非洲及波斯湾，东至社会群岛，北至日本南部，南至罗德豪岛。

◆ 形态特征

马夫鱼最大体长可达25厘米，体甚侧扁而高，尾柄短。马夫鱼头部短小。眼间隔颇宽。眼中大，上侧位。眶前上缘具骨质隆起，成体骨突粗壮，边缘呈粗锯齿状。鼻孔每侧2个，前鼻孔大，后缘具鼻瓣；后鼻孔细狭。口小，上下颌约等长。上下颌齿均为5～7排，细尖，刚毛状。前鳃盖骨后缘具细锯齿或不明显。鳃孔狭长。鳃盖膜与峡部相连。鳃耙细弱。体被中大弱栉鳞，头部、背部、胸部及奇鳍具小鳞，吻端无鳞。腹鳍具腋瓣，上具小鳞。马夫鱼侧线完全。背鳍鳍棘部长约等于鳍条部，中间微凹；第四鳍棘延长呈丝状；鳍条部外缘呈弧形。臀鳍略成三角形，外缘较圆钝。胸鳍斜尖，下侧位。腹鳍胸位，后端伸达臀鳍起点。尾鳍后缘微凹或截形。马夫鱼浸制标本体淡黄色，体侧具两条略斜向后方的黑色宽横带：第一条由背鳍前四鳍棘向下至腹鳍起点、腹部及臀鳍前部，前缘经鳃盖后部及胸鳍基底前方；第二条由背鳍第六至第八鳍棘向下斜伸至臀鳍后半部，前缘未延伸至臀鳍最长鳍条。马夫鱼头顶灰黑色，两眼间有黑色横带相连，且黑色眼带仅延伸至眼睛下方一点，并不向下延伸至头部腹侧；吻背部及唇灰黑色；胸鳍基底及腹鳍黑色。

◆ **生活习性**

马夫鱼因栖息于珊瑚礁不容易寻觅到食物而得名。幼鱼出现在较浅水域，多半单独活动。成鱼则常成对或成群盘旋在珊瑚礁上、潟湖区或外礁陡坡上数米处捕食浮游动物，有时会啄食礁壁上的附着生物。

◆ **经济价值**

马夫鱼为著名水族观赏鱼类，食用价值较低。

第2章
淡水观赏鱼

淡水观赏鱼是指生活在淡水中具有观赏价值和养殖价值的鱼类。

◆ 地理分布

淡水观赏鱼中的金鱼和锦鲤主要分布在亚洲的中国和日本；淡水热带观赏鱼主要分布在南美洲、非洲、北美洲以及东南亚等地区。随着淡水观赏鱼贸易和繁育技术的突破，亚洲尤其是新加坡、泰国和中国台湾地区成为此类观赏鱼的主要生产地，并形成了形态各异的一些新品种。

◆ 主要种类

从分类学而言，淡水观赏鱼主要来自鲈形目、脂鲤目、鳉形目、鲇形目、鲤形目、银汉鱼目及骨舌鱼目等。鲈形目的慈鲷科和攀鲈科种类众多、体色艳丽、体形奇异且繁殖方式奇特，受人们欢迎，如地图鱼、罗汉鱼、神仙鱼等。脂鲤目的加拉辛科鱼类以小型鱼类为主，颜色多样、形态各异，经常是水草缸中的主养种类，如红绿灯鱼、宝莲灯鱼、柠檬灯鱼等。骨舌鱼目的鱼类在进化上比较古老，体形大、寿命长、游泳姿势优美，是大型水族缸中的主养种类，如金龙鱼、红龙鱼、海象等。

◆ 繁殖习性

大部分淡水观赏鱼是卵生的繁殖方式,但鳉形目的胎鳉科鱼类是卵胎生,如孔雀鱼;鲼形目河魟科鱼类是胎生,如珍珠魟。在繁殖行为上,慈鲷科亲鱼须自行配对,且有护卵、护幼甚至哺幼等习性。在孵化方式

罗汉鱼

地图鱼

红绿灯鱼

神仙鱼

孔雀鱼

金龙鱼

上，龙鱼是雄性口孵。锦鲤产卵量最大，通常单尾鱼可以产 30 万～ 40 万粒卵，而龙鱼每次只能产几十粒，胎生的魟每次只产几只。攀鲈科的鱼类可以吐泡营巢，加拉辛科的鱼类需要水草或人工鱼巢进行繁殖，而慈鲷科的鱼类繁殖需要产卵筒或产卵板。

◆ 市场价值

淡水观赏鱼中经常会出现单尾价格很贵的鱼，锦鲤可以拍卖到 200 万元 / 条以上，罗汉鱼可达 88 万元 / 条，龙鱼可达 80 万美元 / 条，白化魟刚推出市场时也高达 100 万元 / 条以上。不过，一些小型脂鲤由于繁殖容易，价格通常十分便宜，只有几角钱。

热带鱼

热带鱼广义上包括热带淡水、海水和半咸水观赏鱼。狭义上是指热带淡水观赏鱼，即生活在地球的热带和亚热带的淡水中具有观赏价值和饲养价值的鱼类。

这类观赏鱼一般体色都很艳丽，体形奇异且繁殖方式奇特，很受人们的欢迎。能在水族箱中饲养的淡水热带观赏鱼有 2000 多种，主要分属于 7 个科，即鳉科、鲤科、脂鲤科（拉加辛科）、鲇科、攀鲈科、慈鲷科及古代鱼科，这些热带鱼主要分布于北纬 20°～ 30°与南纬 15°～ 30°的南美洲、非洲、北美洲及东南亚等地区。中国出产的热带鱼主要分布在台湾地区及南方地区。

◆ 营养需求

热带鱼饲料中脂类的含量应在 6%～ 8%，其中高级不饱和脂肪酸

（EPA）必须占到饵料的 1.5% 左右，磷脂占 0.2%，固醇类物质占 0.5% 左右，这样才能使热带鱼保持鲜艳的体色，在较短的周期内繁殖。

◆ 饲养要点

温度

热带鱼对水温要求严格，适宜水温在 14 ～ 35℃，健康成鱼能够忍受的最大水温温差为 ±2℃，幼鱼和患病鱼为 ±1℃，否则极容易患感冒病。一般地，冬天养殖热带鱼需要加热升温和保温，当水温降低至 20℃ 以下时，热带鱼开始拒食，游泳活动能力明显减弱，免疫力下降。长期在 15 ～ 20℃ 的水中饲养热带鱼，容易发生各种疾病。冬天饲养热带鱼的水温还应根据不同的品种而定。对于鲷科中的神仙和七彩神仙鱼来说，水温应保持在 25℃ 以上；对于鳉科和鲤科等热带鱼而言，水温只需保持在 20℃ 以上；对于大多数慈鲷科、脂鲤科、鲇科、攀鲈科和古代鱼科来说，水温宜保持在 22℃ 以上。

光照

光照对热带鱼十分重要，应根据热带鱼不同的发育阶段提供不同强度的光照。一般地，孵化时，热带鱼对光照的要求偏低，在 300 ～ 500 勒，但应采取偏红光；鱼苗出膜后，光照强度应提高到 3000 ～ 5000 勒；幼鱼到成鱼阶段的 2 ～ 3 个月内，光照要求达

色彩斑斓的热带鱼

8000 ～ 10000 勒。光照对热带鱼的影响一般在 3 个方面：①增强体质。适当的光照对热带鱼眼睛的发育和体内钙质的吸收十分重要。 ②促进体色发育。色彩艳丽的热带鱼在缺乏光照的环境中饲养 1 个月，就会变得淡然失色。③促进性腺发育。幼鱼生长阶段缺乏光照，热带鱼的性腺发育会受到很大影响，往往产出的鱼卵受精率不高，出膜率极低，即使孵成仔鱼，生命力也不强。

水质

在众多观赏鱼之中，热带鱼是比较娇贵的，它对水质的要求十分苛刻。其中，水质要求最高的是慈鲷科中的神仙鱼和七彩神仙鱼；其次，是脂鲤科鱼和一般慈鲷科鱼；第三，是古代鱼科的一些鱼类和鲇科鱼；鲤科和攀鲈科的一些鱼类对水质的要求没有前述鱼类的高，最容易饲养的热带鱼为鳉科鱼类。

透明度。水体透明度对热带鱼的影响很大。透明度差（即水体混浊）的水，容易造成热带鱼精神紧张、压抑，免疫力降低，色彩变淡，甚至引起疾病的发生。热带鱼对水体透明度的要求一般在 5 米以上，一般家庭饲养热带鱼很难用仪器来检测水体透明度的大小，所以应当经常观察，发现水体混浊或者有藻类水华，透明度下降时，应立即启动过滤循环系统，迅速提高水的透明度。

溶解氧。热带鱼对水体溶解氧的要求比金鱼稍高，应当长期保持在 5 毫克 / 升以上；幼鱼期或患病时还要更高些，应保持在 7 毫克 / 升。否则，水中极易生成一些有害物质，导致疾病发生或促使病害加重。

pH（酸碱度）。热带鱼生活的水质条件最好是中性偏弱酸性，有的热带鱼甚至需要中酸性的水质，如七彩神仙鱼生活环境的适宜 pH 为 5.5～6。一般地，弱酸性环境不易产生单胞藻的水华现象，同时促进水草的生长，这样可以使水体保持较高的透明度。此外，弱酸性环境还易于促进有毒代谢产物氨向铵离子转化，这样不必担心分子氨的毒性了。总之，家庭饲养热带鱼养殖的最适 pH 应为 6～7，这样既不容易产生有害物质，又能达到较好的观赏效果。需要特别注意的是，在弱酸性环境下，不能突然增加光照强度，更不能突然曝晒，否则会引起水中植物强烈光合作用，导致水体 pH 骤然上升，引起热带鱼和水草死亡。

硬度。野生热带鱼生活的河道或沼泽地大多数是偏软水或软水。因此，人工饲养热带鱼需要做一定的硬度调节。调低硬度，最直接的办法是用蒸馏水掺兑，也可采用离子交换树脂对水进行过滤处理。有经验的饲养者经常采用水草光合作用来降低硬度，或用"老水"掺兑来降低水的硬度。此外，水体长期酸化和长期不换水也会引起水的硬度下降。需要强调的是，当水的硬度降得太低，也会引起热带鱼和水草生长不良。不同品种的热带鱼对硬度的要求各不一样，主要与其原来生活的水域硬度有关，一般鲤科、鲇科、攀鲈科对硬度的要求较低，中等硬度或偏软水都可以饲养；慈鲷科、脂鲤科鱼类对低硬度（软水）的要求较高，特别是繁殖时期，一定要在软水中进行。总体来说，适应在水草丛中生长的鱼类，或者说与水草共生的鱼类，需要在软水环境中生长发育，繁衍后代。

有害物质。在家庭饲养淡水热带鱼，水体中有害物质毒性最大的是硫化氢，其他有毒性的物质还包括氨氮、硝基氮及亚硝基氮，而亚硝基氮的毒性远比氨氮和硝基氮高。中间代谢产物及有机物也有一定的毒性。这些物质易导致水质败坏，有害细菌滋生，引起热带鱼体质变弱，免疫力降低。预防氨氮的中毒，最有效的措施是控制水体 pH 在 6 ～ 7，因为 pH 越大，氨氮的毒性越强。相同的量，pH 为 8 时氨氮的毒性是 pH 为 6 时的几百倍。预防硫化氢中毒和亚硝基氮中毒，最有效的措施是严防缺氧，因为硫化氢与亚硝基氮的产生是一种还原反应，只有当溶解氧低于 2 毫克 / 升时才会发生。因此，有必要给水族箱安置一个间歇开关，防止气泵和水泵长时间运行而损坏，引起意外缺氧。此外，当发生硫化氢中毒时，可以适当添加亚铁离子，以形成硫化亚铁沉淀，除去硫化氢的毒性。

饵料

热带鱼饵料以鲜活饵料为主，并适当辅以冰鲜饵料，缺乏饵料时，可以添加少量的人工配合饵料来充饥。由于热带鱼的繁殖周期较短，一般为几周到几个月，加之其体色形成比金鱼、锦鲤复杂，因此，热带鱼对饵料中活性物质的要求比金鱼和锦鲤都要高。

活饵料。热带鱼活饵料包括枝角类、摇蚊幼虫、桡足类、丰年虫、轮虫、面包虫，甚至一些昆虫都可以作为热带鱼的活饵料。活饵料不但可以满足热带鱼提供快速生长的需要，而且通过捕食活饵，还可以锻炼热带鱼的反应能力，是饲养热带鱼最理想的饵料。一般热带鱼对某种活饵料的摄食兴趣有 14 天左右，14 天过后，就会对这种饵料会产生厌食，从而影响其生长速度，因此每隔一定的时间，需要给热带鱼换食另一种活饵料或者冰鲜饵料。

冰鲜饵料。由于热带鱼活饵料的来源还不稳定，因此需要大量冰鲜饵料的补充。冰鲜饵料包括淡水滤食性鱼类、海水深海鱼类、虾仁、牛心、牛肉、猪心等。投喂时，取速冻饵料 100 克，趁未解冻时切成丁，然后用自来水冲去血浆、肉末，即可直接投喂。

配合饵料。热带鱼对配合饵料的兴趣不是很大，除非饵料有相当好的诱食性。热带鱼配合饵料蛋白质含量应当在 40% 以上，粉碎度要求在 80 目以上，且需添加深海鱼油或乌贼鱼油作为诱食剂，同时还要有丰富的微量元素和维生素，而且最好是悬浮饵料。

植物性饵料。热带鱼的植物性饵料主要是南瓜、麦芽和胡萝卜。投喂这些植物性饵料，主要目的在于提高热带鱼的体质、增强抗病能力，同时加深热带鱼鲜艳的体色。

饵料饲养与水质管理

热带鱼饲养需定期、定量换水。热带鱼换水量最大不宜超过 1/5，最佳的换水方法是每天趁吸取残饵、粪便时换水 1/20 ～ 1/10，换水时间为下午，每天晚上睡觉前换水也可。

热带鱼饲养需定期调节 pH 和硬度。一般每周调 pH 1 次，调硬度 1 次。降低水体 pH，用 0.1 摩 / 升的稀盐酸，升高水体 pH 用 0.1 摩 / 升的氢氧化钠溶液。下调硬度的方法有两种，一种是添换蒸馏水，最大添加量不超过 1/5；另一种则是用阳离子交换树脂过滤，过滤时间不超过 2 小时。

热带鱼饲养需定期清理过滤器。饲养热带鱼要求水体透明度非常大，故水族箱上的过滤盒几乎每天都在运转，因此大量的残饵、粪便，鱼类分泌的黏液都集中在过滤盒中，所以必须在 14 天内清理过滤盒 1 次。

具体操作是取出最上面一块海绵，置于自来水下冲洗干净，拧干后放回过滤盒中。如果热带鱼生病，还应把洗干净的过滤盒置于 EM 细菌溶液中浸泡 5 ～ 10 分钟，然后再放回过滤盒，这样有助于驱赶过滤盒中的病原微生物，预防疾病的暴发。

地图鱼

地图鱼是动物界脊索动物门硬骨鱼纲鲈形目慈鲷科星丽鱼属。身体上不规则斑块形似地图，故名地图鱼。地图鱼属大型鱼类，在南美洲常被当作食用鱼，也是一种深受水族爱好者喜欢的鱼类。地图鱼原产于南美洲。

◆ 形态特征

地图鱼一般体长 25 ～ 30 厘米。体色多样，基本体色有黄褐色、红色等，表面有不规则斑块。经人工杂交选育可形成白化品种，全身基调为白色，体侧有部分淡红色条纹，眼红色。饲料中添加色素后，成鱼淡红色斑纹会变得红艳夺目。还有一改良品种，全身布满细腻的核桃纹，色彩别致。性成熟时，在尾柄处出现一边缘为红黄色的黑斑块，状如眼睛。地图鱼雌、雄鱼不易分辨，性成熟时，雄鱼背鳍变得更为尖长；雌鱼生殖突短而粗，雄鱼长而尖；雌鱼体色较暗淡，雄

地图鱼

鱼则比较艳丽；雄鱼头部稍显隆起，雌鱼不明显。

◆ 生活习性

地图鱼适宜水温 25 ～ 30℃。最低光照强度为 2000 勒左右。对水质要求不严，饲养用水 pH 为 6.4 ～ 7.5，硬度 4 ～ 8。地图鱼性情暴躁，属凶猛鱼类，不能与其他鱼混养。地图鱼杂食性偏动物性，饲养时主要投喂冰鲜动物性饵料，也吃一些配合饵料。在繁殖期自行配对，繁殖水温 26 ～ 29℃，pH 为 6.8 ～ 7.5，硬度 8 ～ 12。雌雄亲鱼将产卵场清理干净后，雌鱼首先在产卵板上产下一排或几排卵。卵具黏性，黏在产卵板上，雄鱼即行授精。雌雄亲鱼交替产卵和排精，1 ～ 2 小时产下800 ～ 2000 粒卵。卵直径 2 毫米左右，36 ～ 42 小时后孵出仔鱼，仔鱼借头丝黏附在产卵场底部，偶尔震颤一下。此时营内源性营养，再经12 小时，仔鱼上浮，开始摄食轮虫和小型枝角类，进入混合营养阶段。

接吻鱼

接吻鱼是动物界脊索动物门硬骨鱼纲鲈形目攀鲈亚目沼口鱼科沼口鱼属吻鲈种。又称桃花鱼、吻嘴鱼。接吻鱼以鱼喜欢相互"接吻"而闻名，实际上，不仅是异性鱼之间，同性鱼之间也有"接吻"动作，是一种争斗现象。接吻鱼常常被当作观赏水族中的食藻清道夫使用。

◆ 分布

接吻鱼原产泰国、马来西亚、婆罗洲、苏门答腊等地，其中绿色变种见于缅甸、泰国、马来西亚和印度尼西亚；粉红变种最初在爪哇岛繁殖。

◆ **形态特征**

接吻鱼最大体长可达 30 厘米以上。体呈椭圆形，侧扁。头大。口大。眼大。颌上有锯齿。胸鳍较厚大，腹鳍较小，背鳍和臀鳍向后延伸到尾鳍基部，尾鳍后缘微微内凹。体表乳白色、略显微红，吻端为浅肉红色，头部有黑色条纹，腹部白色，尾鳍基部也有黑色条纹，但都不太明显。

接吻鱼雌雄不易区别，幼体几乎无法辨认雌雄。成熟的雄鱼体形瘦长，臀鳍略为阔大，具婚姻色，体色由肉红转为紫色，且闪闪有光泽；雌鱼体形较雄鱼宽阔，臀鳍较小，怀卵期腹部明显膨大。

接吻鱼

◆ **生活习性**

接吻鱼性情温和，无攻击行为，能与其他鱼混养。接吻鱼适宜水温为 20 ～ 28℃，最低光照强度为 2500 勒左右。接吻鱼对水质要求不高，喜偏碱性硬水，饲养用水 pH 控制在 7 ～ 7.5。自然界中，接吻鱼常见于缺氧而水流不畅的溪流、沼泽和池塘等水域。接吻鱼对饵料要求不高，喜食蚯蚓，人工饲养以冰鲜饵料为主，需定期添加活饵料。接吻鱼的繁殖方式同斗鱼的繁殖方式有所不同，它不吐泡沫营巢，而直接产漂浮性卵浮在水面。接吻鱼卵呈琥珀色，如发白，则说明未受精。产卵量较大，每次产卵 0.4 万～ 1 万粒。

金　鱼

金鱼是动物界脊索动物门硬骨鱼纲鲤形目鲤科鲤亚科鲫属，是野生红鲫在长期人工饲养及选育下家化而成的观赏鱼。被称为中国的"国鱼"。在鱼类进化史上，金鱼是唯一一类由人工选育而成的各个外部器官均发生明显变异的观赏鱼品种。

◆ 起源

金鱼起源于中国晋朝（265 ～ 420）。对于金鱼的起源，很多学者都对其进行过研究。根据胚胎发育、染色体组型、LDH 同工酶、血清蛋白电泳、分子生物学分析等方面的研究，证明金鱼是野生鲫突变而来。金鱼起源于中国。家化经历了漫长的年月，主要分为以下 4 个阶段。

野生时期

中国早在北宋（960 ～ 1127）年间，杭州兴教寺等寺庙的水池内已有红鲫饲养。这可认为是原始的金鱼，但其体形仍与野生鲫相似。由于红鲫被古人视为神物，故长期被作为佛教的"放生"用鱼而得到保护。

池养时期

至绍兴三十二年（1162），南宋皇帝赵构在杭州德寿宫内大造金鱼池，一些士大夫竞相仿效，养金鱼成为一时风尚。当时还出现了专门从事"鱼活儿"的养金鱼技工，他们用水蚤喂养金鱼，熟悉繁殖金鱼的方法，还出售金鱼。如吴自牧《梦粱录》曾记载："金鱼……今钱塘门外多畜养之，入城货卖，名鱼活儿。"由于人造池中只养金鱼，既没有与野鲫杂交的可能，又避免了种间斗争，因而繁殖较易，繁殖中出现的一些性状变异，经金鱼爱好者的不断挑选、保存，无意识地起到了人工选择的作用。此时金鱼的颜色已有红色、白色、黑白相间的花斑色和淡棕色，但体形尚无多大变化。

盆养时期

经辽、宋、金、元诸代，金鱼的性状变化不大。至明嘉靖二十七年（1548），在杭州"生有一种金鲫鱼，名曰火鱼，以色至赤故也。人无有不好，家无有不蓄。竞色射利，交相争尚，多者十余缸，至壬子（1552）极矣"（《七修类藁》）。"火鱼"的出现，进一步引起爱好者的饲养兴趣，杭州、苏州等地开始用缸饲养。至明神宗万历七年（1579），用缸、盆饲养已较盛行，时称"盆鱼"。这一时期金鱼的体形、鳍、体色等又出现许多新的变异。如出现了五花（彩色）和水晶蓝（玻璃鱼）两种颜色，新增了透明鳞和网透明鳞两种变异。当时张谦德的《朱砂鱼谱》是中国最早的一本论述金鱼生活习性和饲养方法的专著。

有意识人工选择时期

至清代晚期，金鱼饲养进入有意识选种阶段。如句曲山农所著《金鱼图谱》（1848）认为"雄鱼须择佳品，与雌鱼色类大小相称"；拙园老人所著《虫鱼雅集》（1904）提出"出子时盈千累万，至成形后，全在挑选，于万中选千，千中选百，百里拔十，方能得出色上好者"，都说明当时对金鱼进行有意识的选择已是事实。此时金鱼的品种有20余种。姚元之著《竹叶亭杂记》中载"龙睛鱼中不仅有身黑如墨，至尺余不变的墨龙睛外，尚有纯红、纯翠，又有大片红花者，红碎红点者，虎皮者，红白翠黑什花者"。此时期可称是金鱼家化史上的盛期。

从清末到抗日战争前的 30 余年间，由于遗传学的发展，人们采取杂交方法获得了一些新品种，增加了蓝色、紫色和紫蓝色金鱼，也出现了翻鳃、水泡眼品种。1935 年，中国有 70 余个金鱼品种，其中新品种有龙睛球、珍珠龙睛、龙睛水泡眼、朱砂眼、蛋种翻鳃、朝天龙球等。到 1941 年前，在上海一带出现了珍珠翻鳃、珍珠朝天龙、珍珠水泡眼、虎头翻鳃、水泡眼翻鳃、狮子头翻鳃、蛤蟆头翻鳃等品种。此外，还有一种扇尾金鱼。抗日战争期间，原有金鱼品种没有得到很好的保护，是中国金鱼发展史上的一个衰落时期。

1949 年以来，中国各地大量培育金鱼，不仅恢复了过去的品种，而且还出现大量新品种，如黄高头、彩色蛋球、元宝红及灯泡眼和珍珠鳞的大量变异品种，朱顶紫罗袍也是在这一时期选育而成，这是中国金鱼发展史上的最盛时期。

中国金鱼于 1502 年由福建泉州传入日本，1611 年前后被运往葡萄牙，1691 年前流传到英国，1728 年在荷兰阿姆斯特丹繁殖了后代。此后，金鱼成为欧洲许多国家喜爱饲养的观赏鱼。19 世纪中叶，金鱼经由美国传到美洲其他国家。

◆ 形态特征

金鱼体形有纺锤形、长身形、短身形及介于后两者之间的中间型，而各型在头部、鳞片、体色、鳍等方面还存在众多的变异。与鲫鱼相比，金鱼的眼睛、头形、背鳍、尾鳍、颜色、鳞片、体形均出现了变异。

头部

金鱼头部一般略呈三角形，通称平头。其中虎头和狮子头头部较宽大，头顶和两颊皮肤上有肉瘤；珍珠鱼的头狭而呈尖形。口均位于头的前端，有些品种则因面颊上的肉瘤发达且凸出而显得口部内缩。鼻孔通常有一皮肤褶即鼻瓣。有的品种的鼻瓣特别发达，形成 1 簇肉质小叶，犹如绒球。眼睛位于头部两侧的中央、呈圆形、角膜透明的，称正常眼，如绒球、珍珠鱼等；眼球特别膨大，且凸出于眼眶之外的，称为龙睛，如红龙睛、墨龙睛等；眼球膨大外突、瞳孔朝上转 90°的，称为朝天龙；眼球腹部眼眶中膨大成为 1 个小泡，游动时小泡不动的称蛤蟆头；若膨大成大水泡，游动时水泡会晃动的称水泡眼。鳃盖有正常鳃盖、透明鳃盖和翻鳃盖之分。多数品种是正常鳃盖。翻鳃盖是主鳃盖骨和下鳃盖骨后端游离、外卷，部分鳃丝裸露所致。

鳞片和体色

金鱼鳞片有正常鳞、透明鳞和珍珠鳞之分。正常的鳞片因有反光组织和色素细胞的存在而呈各种颜色。透明鳞缺少反光组织和色素细胞。珍珠鳞的边缘部平整且颜色深，中央部分凸起且颜色浅，故呈珍珠状。金鱼体色有灰、红、黄、黑、白、紫、蓝等色之分。此外还有 2 种色彩相间的色斑和 3 种以上色斑相混的五花。

鳍

金鱼胸鳍形状因品种而异。燕尾、龙睛、文金的胸鳍略呈三角形；蛋金的胸鳍呈椭圆形。蛋金、龙背金缺少背鳍。大多数品种有正常背鳍。金鱼有成对的臀鳍。同一品种有具双臀鳍的，也有具单臀鳍的，通常具有双臀鳍是优良性状。尾鳍有单尾鳍和双尾鳍之分。除金鲫种为单尾鳍外，其他品种均为双尾鳍。按双尾鳍长度，又分为短尾形、长尾形和中尾形。双尾鳍的形状变异很大，有的背叶相连，腹叶分离，称为三尾；有的背、腹叶都分离，称为四尾；尾鳍下垂的称为垂尾。尾鳍伸展呈蝴蝶形的称为蝶尾；尾鳍特别长大的称为凤尾。有的金鱼品种尾鳍边缘镶有不同颜色的纹理或鳍上有色斑。

◆ **分类和品种**

在长期的养殖过程中，金鱼出现了大量的变异品种，之后变异品种越来越多，从而品系分类比较混乱，有 3 类分类法、4 类分类法、5 类分类法等。按中国习惯分类法可分为金鲫种、文种、龙种、蛋种和龙背5 类。

金鲫种

又称草金。体形似鲫，单尾鳍。体质强健，抵抗力和适应性都比其他品系的金鱼强。主要类型有：①红鲫。又称金鲫。适合室外大池饲养，若喂以食物，则群集于水面争食，且能随人的拍手声列队而游。品种有红鲫、银鲫、花色鲫等。②燕尾。尾鳍特别长，超过体长一半。品种有红燕尾、红白花燕尾、彩色燕尾等。

文种

又称文金。最早由草种品系的金鱼经不断驯养改良而形成。体形较短而宽，具背鳍，各鳍发达，从背部俯视鱼体时，犹如"文"字，故名文种。主要类型有：①文鱼。原称纹鱼，体短，头尖，呈三角形，为文种的原始品种。1772 ～ 1788 年经中国台湾地区传入日本。以尾鳍超过体长而闻名。名贵品种有红文鱼、彩色文鱼、桃花文鱼等。②虎头。或称"堆玉"。头部有肉瘤，从头顶一直包向两颊，眼和嘴也陷入肉瘤内。若肉瘤厚实，中间又隐现五字花纹的更属上品。名贵品种有红虎头、黄虎头、红顶白虎头等。③高头。亦称帽子。和虎头极相似，但其肉瘤只限于头顶部，并不包向两颊。名贵品种有紫高头、彩色高头、紫蓝花高头等。日本称紫高头为茶金。④朱顶紫罗袍。全身为深紫色，头顶有肉瘤，唯整个头部呈鲜红色，而眼、鼻膜和嘴均呈黑色。非常稀少，极其名贵。⑤鹤顶红。全身银白，头顶生红色肉瘤，又称一点红。其中肉瘤位正、色泽鲜红者尤为名贵。日本称为丹顶。⑥珍珠鱼。又称珍珠鳞。体形呈梭形，两头尖，腹部圆，全身具有珍珠鳞。若头部尖、腹部膨大呈球形，则称为球形珍珠鱼，系名贵品种。其他名贵品种还有红珍珠鱼、墨珍珠鱼、彩色蝶尾珍珠鱼、红球形珍珠鱼、白球形珍珠鱼、彩色球形珍珠鱼等。⑦翻鳃。鳃盖骨卷曲生长。名贵品种有红文鱼翻鳃、红白花珍珠翻鳃、彩色珍珠翻鳃等。

龙种

又称龙睛、龙金。被当作金鱼之正宗，国外称其是真正的"中国金鱼"。体形短粗。眼球发达，凸出于眼眶外，犹如古代传说中龙的眼睛。眼形分圆球形、轮胎形、圆柱形、椭圆形和葡萄形等。有背鳍，各鳍发达。主要类型有：①龙睛。体形短，凸出的眼球有各种形状，如圆球形、梨形、圆筒形等。品种有红龙睛、蓝龙睛、紫龙睛等。②墨龙睛。全身色泽浓黑如墨，或如乌绒，背部尤其显著。若2～3年不变成红色，则为名贵品种，如有大尾墨龙睛、蝶尾墨龙睛等。③玛瑙眼。全身银白色，闪闪有光，而眼球色彩为红白相间，犹如玛瑙。以尾鳍长、身上无色斑者为名贵品种。④龙睛球。龙睛带有较大的绒球，日本称为鼻房。名贵品种有紫龙睛球、虎头龙睛球、红龙睛四球等。

蛋种

又称蛋金。蛋种是在古代品种最多的古金鱼品系，曾经达76个品种。体形短小，圆似鸭蛋。各鳍也较为短小，其中长鳍者，称为蛋凤。典型特征是无背鳍。主要类型有：①蛋球。又称绒球蛋，体稍长。品种有红蛋球、蓝蛋球、红白花蛋球、虎皮蛋球等，其中以虎皮蛋球较为名贵。②蛋凤。又称丹凤。与红蛋球极相似，唯尾鳍长而薄。品种有红蛋凤、蓝蛋凤、彩色蛋凤、银色蛋凤等，其中以蓝蛋凤的尾鳍特别长。③元宝红。全身银白，具反光，唯头顶具有红色斑块，形如元宝。以斑块位于正中为上品。④水泡眼。在眼球下生有一个半透明泡，凸出于眼眶之外，泡内充满液体，故名水泡眼。当游动时，水泡左右晃动，姿态动人。名贵品种有红色水泡眼、红白色水泡眼、彩色水泡眼、朱砂水泡眼、墨色水泡眼等。⑤狮子头。亦称虎头，公认的名贵金鱼。体粗短，头部甚大，肉瘤发达，从头顶一直包向两颊，眼和嘴均位于肉瘤内。尾鳍短小者为上品。名贵品种有红狮子头、红白狮子头、蓝狮子头、彩色狮子头等。在日本，因体形和颜色的差异，又有不同的名称，如纯白色的称为富士峰，纯红色的称为红叶等。⑥狮子滚绣球。狮子头带有大的绒球，每当游动时，左右摆动，酷似狮子戏绣球，逗人喜爱。以绒球大而圆为名贵。⑦鹅头。和狮子头相似，肉瘤只限于头顶。日本称为江户锦。名贵品种有红鹅头、花鹅头等。⑧朝天龙。中国北方称为望天眼。眼球向上生长，

燕尾花式金鱼

水泡眼金鱼

狮子头金鱼

三色龙睛金鱼

红白兰寿金鱼

龙金黄金鱼

体形较龙种细长，北方饲养的多为短尾形，南方多为长尾形。品种有红朝天龙、白朝天龙、蓝朝天龙等。⑨蛤蟆头。头似蛤蟆头，眼球微凸出，并具有类似水泡眼的硬泡。品种有红蛤蟆头、彩色蛤蟆头、玻璃花蛤蟆头等。

龙背

近代金鱼杂交史上的一大杰作。虽品种不多，但有的品种却十分有名，其主要特征是既有发达的龙睛眼形，又有蛋种无背鳍的光背体形。龙背品系的金鱼有 30 多个品种，包括朝天龙（望天眼）、紫龙背、龙背灯泡眼、虎头龙背、五花蛋龙球、虎头睛和蛤蟆头等名贵品种。

龙背也可按头形、尾形、眼形、体形、鳞片、鳃盖以及嗅球等特征系统分类：①按头形可分为平头形、鹅头形、高头形、狮头形、虎头形、寿星头形和皇冠头形等。②按尾形可分为单尾形、双尾形、刀尾形、三尾形、四尾形、蝶尾形和裙尾形。③按眼形可分为正常眼形、龙睛眼形、朝天眼形、玛瑙眼形、葡萄眼形、水泡眼形和蛤蟆眼形。④按体形可分为纺锤形、蛋形、圆球形、三角楔形。⑤按鳞片可分为正常鳞、珍珠鳞和金银鳞。⑥按鳃盖可分为正常鳃盖、透明鳃盖和翻鳃。⑦按嗅球特征可分为绣球和绒球。

◆ 饲养

整个饲养过程分鱼苗饲养和幼鱼、大鱼饲养两个阶段。

红鲫鱼

红顶虎头金鱼

水和容器

金鱼一般用井水或自来水饲养。井水冬暖夏凉，但溶氧少。自来水因含有一定量的氯，使用前必须贮存48小时以上，或者可加入硫代硫酸钠6.8～14毫克/千克消除水中余氯。金鱼适宜水温20～30℃，最适水温23～25℃。饲养鱼苗时所换水温差不宜超过2℃，饲养幼鱼和大鱼时换水温差以4℃内为宜。水中溶氧量至0.8毫克/升时，鱼开始浮头，此时应换水或送气，否则易造成窒息死亡。适宜pH为6～8.5，以7.5～8最适。

大规模饲养金鱼多用水泥池，其大小、式样依需要而定，一般为1米×1米、2米×2米或4米×4米，深度为0.2～0.5米。池底有一直径0.3～0.5米、深0.05～0.1米似锅底的深窝，便于捞鱼和排水。中国北方习惯用直径0.7～1.5米、高0.3～0.5米的木盆饲养金鱼。此外，还有用黄沙缸、天津泥缸、宜兴陶缸等饲养金鱼的，以口部宽敞的浅水缸为宜。缸的内壁力求光滑，以免擦伤鱼体。容器宜置向阳通风处。

鱼苗饲养

金鱼卵黏在水草上孵化。初孵鱼苗附在容器壁或水草上，仅偶尔做垂直活动，以腹部的卵黄囊为营养来源。2～3天后鱼鳔充气，能做水平方向游泳，卵黄囊消失，可开始喂食。这时鱼苗可吞食15～50微米大小的食物。每天上、下午各喂熟蛋黄浆1次，也可投喂原虫、轮虫、硅藻等。经7～8天后的鱼苗已能吞食小水蚤。孵化后10～15天，需进行第1次换水，通常是连鱼带部分陈水一同倒入新水中。此时如鱼苗规格相差过大，应分缸饲养，全长0.5厘米左右的鱼苗，可放养约1万

尾 / 米 ^{3}；全长约 1 厘米时放 4000 ～ 6000 尾 / 米 ^{3} 为宜。以后每隔 15 天进行换水。经 3 次换水，鱼苗长到全长约 2 厘米时，可转入幼鱼饲养阶段。

金鱼鱼苗孵出时，体为青灰色，饲养 1 个月后，开始生长鳞片，体色变化，有白色、淡黄色、肉红色和黑斑出现，以红色出现最迟。这是金鱼特有的变色现象。因品种、水温和光照强度不同，变色亦有早迟。

由于金鱼的变异性大，即使纯种交配，子代也形态各异，因此需及时选鱼。第 1 次选鱼在孵化后 10 ～ 15 天、鱼苗全长约 1.5 厘米时进行，用白瓷汤匙进行选择。一般是单尾一律淘汰（单尾品种例外）。以后每隔 10 ～ 15 天进行 1 次。第 2 次在鱼苗长至全长 2 厘米、尾鳍已分离时进行，凡不具三四复尾的一律淘汰。第 3 次将背鳍发育不全的淘汰。第 4、5 次时鱼已经长成幼鱼（全长 3 厘米左右），主要结合品种形态特征进行选择。通常大鱼和留种亲鱼至少经过 5 次选择方可达到要求。

幼鱼大鱼饲养

凡短身、短尾鳍的金鱼如狮子头、球形珍珠鱼等宜在盆（缸）中饲养，而长身、长尾鳍的品种如龙睛、鹤顶红、蓝蛋凤等则宜在水泥池或土池中饲养。放养密度为：3 厘米以上的幼鱼和当年鱼为 200 ～ 250 尾 / 米 ^{3}，2 龄以上的为 80 ～ 100 尾 / 米 ^{3}。有增氧设备的，放养密度可适当增加。饲养名贵金鱼品种的密度应减低。

金鱼是以动物性饵料为主的杂食性鱼类。饵料中动物性占 70%～ 80%、植物性占 20%～ 30% 最为适宜。最好的金鱼饵料是活水蚤、摇蚊幼虫、孑孓和水蚯蚓。大鱼经常喂些芜萍、小浮萍等，对生长、发育有益。投饵前应充分洗净或用药物消毒。每天投喂 1 ～ 2 次。每天的投喂量：当年幼鱼和 1 龄鱼相当于头部大小，2 龄鱼相当于头部的一半；人工配合饵料，约相当于体重的 5%。

换水次数依金鱼的饲养密度和季节而定。夏季每天或 2 ～ 3 天 1 次，春、秋季每 4 ～ 5 天 1 次（繁殖时除外），冬季每 7 ～ 15 天 1 次。露天饲养的在雷雨和下雪后应及时换水，不然因水温降低或雨雪水带进污物和臭氧，对金鱼生长不利。换水方法有两种：一种是将金鱼捞出，全部换上备好的新水；另一种称为注水，是用橡皮管吸除底层污物和陈水，然后徐徐注入新水。注水的数量与次数完全视水质情况而定，每次换去原水量的一半左右。水面的污物和外来的杂物等每天要用细眼网捞去，以保持水质的清洁并有利氧的交换。夏季水温超过 30℃ 时，需要遮阴。在冬季，长江流域以北地区要将金鱼移到室内越冬，南方地区也应采取防寒措施。

金鱼常见病有黏细菌性烂鳃病、白头白嘴病、寄生虫性车轮虫病、鱼波豆虫病、斜管虫病、小瓜虫病等。防治时可将鱼在食盐水中浸洗 5 ～ 15 分钟。对细菌性打印病、竖鳞病、蛀鳍烂尾病等可用呋喃西林 20 毫克 / 千克浓度浸洗 20 ～ 30 分钟，或遍洒全池使池水成 1 ～ 1.5 毫克 / 千克浓度加以防治。小瓜虫病用 2 毫克 / 千克的硝酸亚汞浸洗 1.5 ～ 2 小时（水温 15℃ 以上时）或 2 ～ 3 小时（水温 15℃ 以下时），疗效较佳。

在水泥池中饲养鱼苗如放养密度适宜、饵料充足，经 2 个月全长可达 5 厘米，到年底可达 12 厘米。在缸盆中饲养的鱼苗，到年底全长可达 8 厘米左右。2 龄鱼原长 8 厘米左右的，年底为 12 ～ 14 厘米；原长

12 厘米左右的，年底全长可达 16 ～ 18 厘米。

◆ **繁殖**

在中国长江流域一带，1、2 龄金鱼多数即能成熟产卵；在北方地区，一般以 2、3 龄作亲鱼。金鱼繁殖季节中国南方地区在春节前后，长江流域一带在清明前后，北方地区在谷雨以后。金鱼产卵的温度为 16 ～ 22℃。金鱼雌、雄鱼的配合比例为 2 ∶ 3 或 1 ∶ 2。如缺少雄鱼，1 ∶ 1 也可。产卵量和鱼体大小、营养和发育情况有关。通常 1 龄鱼产卵 300 ～ 5000 粒；2 龄鱼产卵 4000 ～ 10000 粒。金鱼其他繁殖特性和鲫、鲤相似。

◆ **价值**

金鱼因形态各异、色彩缤纷、品种繁多，世界各国都有饲养，但以中国和日本最为普遍。中国金鱼的品种、数量居世界首位，其中许多是特有的名贵品种，每年大量出口。在国际市场上，金鱼以其丰富的色彩和多变的体形在欧美和日本等国家受到欢迎。金鱼也是研究生物进化的重要实验材料；国际上测定各种药物对鱼类的毒性指标常以金鱼为试验对象。由于金鱼喜吞食孑孓，在公园、宾馆、庭院的喷水池、人工小河和小湖中放养金鱼，还可以控制蚊子滋生，保持水质清新。因此，饲养金鱼不仅具有较高的观赏价值，而且有一定的科学、经济价值。许多公园和庭院内都饲养金鱼。

神仙鱼

神仙鱼是动物界脊索动物门辐鳍鱼纲鲈形目慈鲷科神仙鱼属。因游泳动作悠闲，得名神仙鱼。神仙鱼是名贵的小型慈鲷科鱼，一般作观赏用。神仙鱼原产于圭亚那、巴西。

◆ **形态特征**

神仙鱼体长 8～10 厘米。体呈菱形，侧扁；背鳍、臀鳍很长，上下对称；腹鳍柔软细长，游动时，一对腹鳍似飘带。神仙鱼有 2 个种和 1 个亚种，水族箱中常见的是 *Pterophyllum scalare* 亚种。即使是同一品种的神仙鱼，其色彩、外形也千变万化，主要表现在体侧的颜色、花纹和各鳍的形状两个方面。就颜色而言，神仙鱼可分为灰神仙鱼、黑神仙鱼、银神仙鱼、云石神仙鱼、熊猫神仙鱼、斑马神仙鱼等；鳍的形状有琴尾、长尾、铲尾等。其他杂交变异品种有金眼神仙鱼、钻石神仙鱼、

太阳神仙鱼

熊猫神仙鱼

三色神仙鱼

蓝色神仙鱼

红背神仙鱼、三色神仙鱼等。

神仙鱼雌雄较难分辨，通常鉴别方法有：①雄鱼体侧横条纹中第1条黑斑纹位置较前（置于背鳍棘刺之前）且略小，而雌鱼的第1条黑斑纹则较后（置于背鳍棘刺之后）且略长。②雄鱼体侧横条纹中第2条黑斑纹趋向头部，而雌鱼的则趋向尾部。③雄鱼臀鳍的下翅上有一些分支翅，而雌鱼下翅则较整齐，无分支翅。④雄鱼臀鳍的下翅斜直且窄小，而雌鱼的下翅则较为宽阔。⑤雄鱼腹部下方肛门与臀鳍之间腹轮平阔，而雌鱼的则斜直。⑥性成熟时，雄鱼的输精管凸出且向后下垂，而雌鱼的产卵管凸出且向前向下垂。

◆ 生活习性

神仙鱼性情温和，可与其他鱼类混养，但对混养种类有选择，如虎皮鱼（四间鲫）等喜欢啃咬神仙鱼长长的鳍条，故不能与其混养。适宜水温为 24～30℃，最低光照强度为 3000 勒左右。神仙鱼对水质要求不严，饲养用水的 pH 为 6.4～7.2。食性属杂食偏动物性，喜食活饵料和冰鲜动物性饵料。

◆ 养殖

神仙鱼人工繁殖比较容易，雌、雄鱼有自行配对的习性，发现已配对的鱼，应移开单独隔离饲养。在箱内放入光滑的玻璃或塑料板，倾斜成 30°～45° 角搁置，作为产卵床，同时种植些宽叶水草（如皇冠草）。产卵后，亲鱼有护卵习性，也可将产卵板移出产卵箱，另行充气孵化。

剑尾鱼

剑尾鱼是动物界脊索动物门硬骨鱼纲鳉形目鳉亚目花鳉科胎鳉属一种热带淡水鱼,可供观赏。

◆ **命名与分布**

1840 年,欧洲植物家 K. 埃莱尔在墨西哥境内的溪流中发现了剑尾鱼,并用他的名字命名,而剑尾鱼作为观赏鱼在水族箱中饲养始于 1909 年。由于剑尾鱼很容易与月鱼杂交繁殖,所以当今养殖的剑尾鱼几乎没有纯种。原产地在墨西哥和洪都拉斯。

◆ **形态和种类**

剑尾鱼体长为 4 ~ 7 厘米,雌鱼比雄鱼大,可长到 6 ~ 8 厘米。雄性剑尾鱼的尾鳍长有 1 根或 2 根"剑"状物,臀鳍特化为棒状生殖器,尖端有剑状的交接器;而雌鱼的尾鳍、臀鳍均呈扇形。

红丝绒剑尾鱼

剑尾鱼主要品种有红琴剑尾鱼、帆翅红剑鱼、斑点红剑鱼、绿剑尾鱼等。剑尾鱼身体强壮,易饲养,因其弹跳力很强,最好加盖饲养。

◆ **生活习性**

剑尾鱼适宜水温为 20 ~ 28℃,可忍受最低水温为 12℃。最低光照强度为 2000 ~ 3000 勒,一天应至少保证 10 小时的光照。要求饲养用水 pH 为 6.8 ~ 7.2,硬度为 6 ~ 8。剑尾鱼为杂食性鱼类,可投喂动物性活饵等，也可投喂菠菜叶或莴苣叶等植物性饵料，以及人工商品饵料。临近生产期雌鱼的腹部会出现白色斑点（胎斑），当斑点转为黑色时表示即将生产，初产每胎约10尾，以后逐渐增多，最多一次可生产100多尾，繁殖周期一般为20～30天。有些雌性剑尾鱼还有"性逆转"现象，即雌鱼生产几次以后，在某一时期会转变为雄鱼。雌鱼原有的卵巢萎缩，精巢发达，臀鳍也逐渐特化为棒状，尾鳍长出"剑"状物，外形完全像雄鱼，并有雄性生殖机能。

血鹦鹉

血鹦鹉是动物界脊索动物门硬骨鱼纲鲈形目慈鲷科粉红副尼丽鱼（母本）与厚唇双冠丽鱼（父本）杂交而成。最初于1986年由中国台湾的蔡建发渔场生产出来，成为观赏鱼界杂交成功的典范。

◆ 形态和种类

血鹦鹉体形圆润，嘴呈心形。由于血鹦鹉是由两种不同物种杂交而成的，所以在繁殖上也表现出很强的不确定性和多样性。其衍生出的后代有很多品种：血鹦鹉、金刚鹦鹉、无尾鹦鹉、罗汉鹦鹉、红白鹦鹉、斑马鹦鹉、花鹦鹉、黑珍珠血鹦鹉和独角血鹦鹉等。①血鹦鹉。体色艳红。身形圆润。一般成鱼体长20

变异血鹦鹉

厘米。②金刚鹦鹉。体形较为浑厚圆润。嘴形呈一字形。气势威武雄壮。③无尾鹦鹉。又称一颗心鹦鹉。其背鳍和腹鳍连接在一起，形成"心"形的体态，为血鹦鹉的又一人工改良品种。

◆ 生活习性

血鹦鹉性情温和，可与其他品种混养。适宜水温 22 ～ 28℃。血鹦鹉喜弱酸性软水、清澈水质，爱食小型活饵料，也可食人工合成饲料，活动于中下层水域。血鹦鹉雌鱼卵巢能够正常发育并排卵，属于完全能育型；雄鱼精巢存在一定问题，大部分精巢属于不完全能育型，只能产生少量精子，且无法正常变态。

清道夫

清道夫是动物界脊索动物门辐鳍鱼纲鲇形目甲鲇科翼甲鲇属中一些喜食水族箱中残饵和污物从而起到净化水质的作用的鱼类的统称。又称吸盘鱼、琵琶鱼。

◆ 分布

清道夫主要分布在以亚马孙河流域为中心的中、南美洲全境。作为水族箱观赏鱼引入中国，在中国没有天敌，极易存活，因无序放生在南方一些水域大量繁殖，严重威胁本土鱼类生存，因此是观赏水族中的常见鱼类，也是危害较大的入侵物种。

◆ 形态特征

清道夫成熟个体一般体长 20 ～ 30 厘米。鱼体呈流线型，头扁平，胸鳍宽大似蒲扇，背鳍高耸，尾鳍呈浅叉形，从腹面看，形似一个小琵琶。眼小。口下位，口须 1 对，口唇发达如吸盘，上下唇各有左右 2 瓣齿，齿呈刷子状。清道夫体表粗糙，全身披黑色或淡褐色盾鳞，有黑白相间的花纹。雌鱼相比雄鱼，背体宽，倒刺软而柔滑，体色较淡不发黑，胸鳍短而圆。清道夫体黑色或淡褐色，有黑白相间的花纹。因体色和花纹的不同，其种类繁多，具有观赏价值，如豹纹清道夫、黄金达摩、国王迷宫、熊猫异形等。

◆ 生活习性

清道夫不同种的生活习性大致相同，为夜行性鱼类，白天往往隐蔽起来，夜晚异常活跃。清道夫喜中性或碱性稍硬、溶氧高的水质，适宜养殖水温为 23 ~ 26℃，但适应性强，耐低氧，能适应不同水质。清道夫是杂食性鱼类，食量大，生长速度快，可以吸食水族箱缸壁上的藻类及其缸内的残饵粪便，使鱼缸保持清洁卫生。成年的清道夫食量巨大，除了吞食藻类和底栖动物，还会以其他鱼类的鱼卵和鱼苗为食。

缸 鱼

缸鱼是动物界脊索动物门软骨鱼纲鳐形目缸科缸属一种。又称魔鬼鱼。

◆ 分布

缸鱼广布于大洋及淡水水域。淡水鳐鱼在南美洲、亚洲、非洲均有分布。家庭饲养的主要种类由淡水缸鱼演化而来，品种较多且价格较高，是名贵的观赏鱼。

◆ **形态与种类**

魟鱼体长 30 ～ 200 厘米，扁平，呈圆形或菱形，软骨、无鳞，胸鳍发达，如蝶展翅，尾呈鞭状。魟鱼背鳍演化成根状尖锐的毒刺。观赏魟鱼主要品种有黑白魟、豹魟、帝王魟、珍珠魟等。

◆ **生活习性**

魟鱼适宜生长的水温为 22 ～ 28℃。水质要求：总硬度 6 ～ 9，pH 为 6.5 ～ 7.0。适宜在水质清澈的老水中饲养，换水量不可过大。每周大换水一次，换总水量的 30% ～ 50%。魟鱼为肉食性鱼类，常栖息于水底。可喂食新鲜泥鳅、河虾。切段，冷冻，融化后投喂。每天按体重 1% ～ 2% 投喂 1 次，以尾柄处胃部微鼓为宜。

魟鱼属体内受精，卵胎生鱼类。性成熟后，雄鱼会不断追咬雌鱼身体两侧边缘，迫使雌鱼浮游至水体上层，雄鱼迅速倒游至雌鱼体下，用特化为交接器的臀鳍将精液输送到雌鱼生殖孔，整个过程在 3 ～ 5 秒。雌鱼 30 天左右可见胃部附近生殖腔隆起，60 天左右可见生殖腔小鱼蠕动，90 天左右生产。小鱼刚出生时约 10 厘米，体态特征与成鱼完全一致。需将待产母鱼单养，防止小鱼出生后被其他成鱼咬伤。小鱼出生后 3 天内消耗体内卵黄，可不喂食。3 天后需投喂新鲜的丝蚯蚓、血红虫开口。开口 10 天后开始投喂切碎的新鲜河虾肉，逐渐过渡到成鱼饲料。

七彩神仙鱼

七彩神仙鱼是动物界脊索动物门硬骨鱼纲鲈形目慈鲷科盘丽鱼属一种。原产亚马孙河流域。

◆ 形态特征

七彩神仙鱼成鱼体侧扁呈圆盘形。体自眼径至尾柄分布 9 条横带，体色多变，具有多种颜色，有红色、蓝色、绿色、棕色、黑色和白色等多种颜色。因其体色多样，花纹多变，深受广大爱好者喜欢，从而被誉为"热带鱼之王"。雌、雄鱼性别判断较难，通常同群中雄鱼比雌鱼个体大，主要根据生殖期生殖孔的形态判断，雌鱼生殖孔发红、外凸为管状，雄鱼生殖孔外凸为尖状。

◆ 种类

野生七彩神仙鱼可分为 2 种、5 亚种，即黑格尔七彩、野生绿七彩、野生棕七彩、野生蓝七彩和威立史瓦兹黑格尔七彩神仙鱼。经过长期的人工选育，七彩神仙鱼已经形成了数十个人工品种，主要包括全蓝、全红、全白、全黄、红点绿、豹点蛇、鸽子红、蓝松石、红松石、白化和雪豹七彩神仙鱼等。

棕七彩神仙鱼

◆ 生活习性

七彩神仙鱼饲养难度较高，适宜水温 26～30℃，pH 为 6.0～7.5，溶氧大于 4.5 毫克/升。肉食性，喜动物性饵料和活饵料。除天然饵料生物如水蚤、摇蚊幼虫和丰年虾等外，生产中主要以绞碎的牛肉、牛心、鸭心、鸡心、鱼虾肉等动物组织制成的"汉堡"为饵料。

七彩神仙鱼性成熟时间为 1～1.5 年。雌鱼每次产卵 200～300 粒，产卵周期为 7～12 天，产卵高峰期为性成熟后 12～15 个月，之后产卵量明显下降。受精卵孵化期间，亲鱼会轮流为卵煽动水流，并清除死卵。在水温 28 ～ 30℃ 条件下，受精卵经历 45 ～ 50 小时孵化出，初孵仔鱼用口器吸附在缸壁、产卵桶或过滤海绵等物体上，依靠吸收自身卵黄囊发育，2 ～ 3 天后，仔鱼靠吸食亲鱼体上的黏液为生，5 ～ 7 天后仔鱼可摄食卤虫无节幼体，20 ～ 25 天后，可摄食水蚤、丰年虾和汉堡碎屑。

孔雀鱼

孔雀鱼是动物界脊索动物门硬骨鱼纲鳉形目花鳉科一种。学名为孔雀花鳉。又称百万鱼。因雄鱼有着像孔雀一样色彩绚丽、宽大飘逸的尾鳍而得名。孔雀鱼为卵胎生鱼类，是常见热带观赏鱼之一。

◆ 命名和分布

孔雀鱼最早由德国科学家 W. 彼得于 1859 年在委内瑞拉发现。孔雀鱼原产于北美洲到巴西。

◆ 形态和种类

野生孔雀鱼体长 3 ～ 5 厘米，人工培育的个体较大些。雌鱼比雄鱼个体大，但颜色暗淡。孔雀鱼的形态变化主要在尾鳍。通过多年人工杂交选育，出现了纷繁复杂的不同颜色、

孔雀鱼

体形、鳍形相组合的品系。市售的孔雀鱼几乎全部都是人工培育的个体。常见的尾鳍形态有圆尾、尖尾、铲尾、琴尾、上剑尾、下剑尾、双剑尾、

三角尾、皇冠尾、扇尾等。孔雀鱼主要品种有蛇皮孔雀、红袍孔雀、黑袍孔雀、紫袍孔雀等。

◆ 生活习性

孔雀鱼为中上层鱼类，容易饲养。适宜水温为 22 ～ 28℃。可忍受的最低温度为 12 ～ 13℃。最低光照强度为 1500 ～ 2000 勒，一天应至少保证 12 小时的光照。喜"老水"，水的酸碱度接近中性，硬度为 8 ～ 10，每天的换水量不宜超过 1/10。孔雀鱼为杂食性鱼类，能吃几乎所有类型的饵料（甚至包括自己的幼鱼）。性情平和，但与其他小型热带鱼混养时，要注意避免雄鱼的尾鳍被其他鱼啄咬。人工饲养条件下，性成熟只需 3 ～ 4 个月，雌鱼每 3 ～ 4 周就可以生产出将近 40 尾幼鱼。

人工繁育时，孔雀鱼雌鱼和雄鱼的搭配比例为 1 ：4。经过追逐，成熟雄鱼靠臀鳍特化成的交接器将精液送入雌鱼体内，受精卵在雌鱼体内发育成稚鱼后产出。幼鱼出生后便会游动和吃细小的水蚤。要将刚出生的幼鱼与亲鱼分开，以免被亲鱼吃掉。另外，如果想保持某一品系的稳定，需避免将不同品系的孔雀鱼混养在一起，以免出现杂交后代性状改变。

胭脂鱼

胭脂鱼是动物界脊索动物门硬骨鱼纲鲤形目亚口鱼科胭脂鱼属一种广温性淡水鱼。又称黄排、火烧鳊、红鱼、燕雀鱼和紫鳊鱼等。胭脂鱼是胭脂鱼科在中国的唯一代表，也是中国特有属种。

胭脂鱼仅分布于长江干流及通江湖泊和中上游的主要支流，以及福建闽江水系中。

◆ **形态特征**

胭脂鱼头短，吻钝圆。口小，下位，马蹄形。无须。侧线完全。鳞中等大，近似圆形。侧线鳞 48 ～ 53。背鳍无硬刺，基部甚长，末端接近尾鳍，以第三至第十根分支鳍条最长，往后则较短，背鳍条 50 ～ 57；尾鳍叉形。不同生长阶段体形、体色变异大。胭脂鱼仔鱼体形细长，体色半透明或灰白色；幼鱼体较高，侧扁，背鳍起点前明显隆起，体呈三角形，体色银灰或淡紫色，体侧有 3 条黑褐色斜横斑，眼球

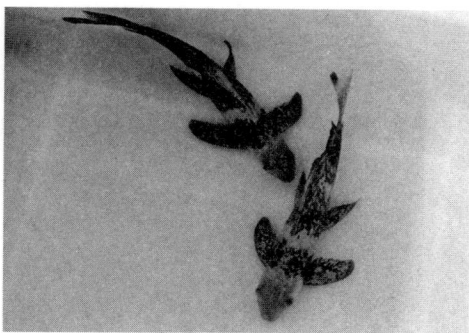

中华胭脂鱼

处也有 1 条黑褐色横斑；成鱼体形延长，背部隆起减缓，腹部平直，全身淡红或胭脂红色，并在鱼体两侧正中各有 1 条较宽的猩红色纵条斑，从吻端直达尾鳍基。

◆ **生活习性**

胭脂鱼常栖息于江河中下层水体，幼鱼行动缓慢，成鱼行动矫健。胭脂鱼喜流水，有溯河洄游习性。在 2 ～ 34℃ 水环境中可生存，生长适宜水温为 22 ～ 28℃，繁殖适宜水温为 15 ～ 18℃。胭脂鱼主要以底栖无脊椎动物为食，食物组成常随栖息场所不同而有极大差异，在江河中主要摄食水生昆虫，尤其喜食摇蚊幼虫；在湖泊则以软体动物为主，尤以蚬和淡水壳菜占优势；在池塘养殖时喜食水蚯蚓或陆生蚯蚓，也食

蚌、螺蛳肉及虾等。全年摄食，尤以繁殖过后摄食频率高。在人工养殖条件下可摄食人工配合饲料。

◆ 生长与繁殖

胭脂鱼生长快。个体大，最大个体重达 35 千克。1 龄体重 0.16～0.99 千克；3 龄平均体重达 4.31 千克；6 龄平均体重为 7.94 千克；9 龄平均体重为 11.16 千克；11 龄平均体重为 12.10 千克。雌性 7 龄、雄性 5 龄前生长迅速。胭脂鱼雌鱼一般 7 龄达性成熟，体重约 9 千克；雄鱼 5 龄达性成熟，体重约 8 千克。绝对繁殖力为 21 万～39 万粒，平均 27.9 万粒。产卵季节为每年的 3 月中下旬至 4 月上中旬，水温达 14℃ 时，选择底质为砾石或礁板石、流态较紊乱的江段产卵，产卵活动多在清晨发生。胭脂鱼成熟卵呈黄色，卵径 2.2～3.3 毫米。受精卵吸水后具微黏性，沉于江底砾石或礁板石的缝隙内发育孵化。受精卵需保持流水环境，胚胎发育的适宜水温 15～18℃。水温 15℃ 环境，经约 200 小时可孵化出苗。

人工催产时多采用圆形产卵池，并保持流水刺激，通过人工授精获得受精卵。采用孵化器或孵化槽流水孵化。胭脂鱼受精卵孵化期间尤需注意水质调控，防治水霉病发生。出膜仔鱼全长 8～11 毫米，多数时间静卧水底，约 5 天后可作短距离垂直游动，10 天后全长约达 15 毫米，鳔出现并充气，可作水平游动，卵黄已吸收，开始摄食外源性饵料，出膜 60 天全长约达 60 毫米。

◆ 养殖概况

20 世纪 70 年代，胭脂鱼开始引入池塘进行试验性养殖；80 年代末，被列入中国重点保护水生野生动物名录，其人工繁殖技术得到加强，苗种生产量逐渐提高。在开展自然水域增殖放流同时，中国湖北、四川、广东等地区开始进行商业化养殖，但养殖总产量不大。

短 鲷

短鲷是动物界脊索动物门辐鳍鱼纲鲈形目慈鲷科的一类小型鱼类。因其最大体长不超过 10 ～ 12 厘米，故名短鲷。又称侏儒鲷、南美短鲷、非洲短鲷。它们不是按照鱼类学划分出来的。

短鲷自然分布于南美洲和非洲。南美短鲷包括 11 个属，主要是隐带丽鱼属的 100 多种鱼类，其中最为著名的是阿卡西、三线短鲷、黄金短鲷和凤尾短鲷；它们通常生活在酸性软水（pH5.5 ～ 6.8）中。南美洲 2/3 的面积都有南美短鲷的分布，主要分布在南美洲的亚马孙河流域、奥里诺科流域和巴拉那流域，适应水质的 pH 为 4.5 ～ 6.8，水温 26 ～ 28℃。非洲短鲷有 140 余种。

短鲷体长通常 10 厘米以下。短鲷的繁殖方式有多种，如南美短鲷的繁殖方式一般有两种：一种是洞穴式；另一种是开放式。隐带丽鱼属、矮丽鱼属、生丽鱼属和坎氏纹首丽鱼属的短鲷都是洞穴式繁殖，这些鱼儿会找到隐蔽性很好的洞穴、沉木，甚至枯叶间进行产卵繁殖，一般卵是附着在洞穴的上方的，多为红色；而双缨丽鱼属和彩蝶鲷属的短鲷都是采用开放式繁殖的，所谓"开放"，是指它们会将卵产在平面的物体上。

灯科鱼

灯科鱼是动物界脊索动物门硬骨鱼纲脂鲤目脂鲤科鱼类俗称。灯科鱼主要产于南美洲的亚马孙河流域及非洲地区。

◆ **形态和种类**

灯科鱼最大的特征是"会发光"。实际是其背部鳞片透光率特别高的缘故，光线可以经背部入射，从鱼体的腹部和两侧发出。在饲养的淡水热带鱼中，灯科鱼的品种最多。从分类上讲，这类鱼有两个共同的特点：①有 2 个背鳍。第 2 背鳍实际上是尾柄上方向外凸出的鳍形脂肪皱褶（即脂鳍）。②口中具有牙齿。属中小型水草习性观赏鱼，但每个品种都有两种以上对比度较高的颜色组成，加上具有"发光"的特点，十分鲜艳悦目。灯科鱼主要代表种类有红

黑霓虹灯鱼

绿灯鱼（或红莲灯鱼）、宝莲灯鱼（或新红莲灯）、信号灯鱼（或头尾灯鱼）、柠檬灯鱼等。

◆ **生活习性**

灯科鱼适应能力较强，容易饲养。在水族箱中应尽量创造类似于原产地的生态条件，控制水质呈弱酸性，pH 为 6.4 ～ 6.8，硬度在 8 以下。此外，还需多种植些水草，配以适宜的光照（光照应由上而下），保证水族箱中有部分区域光线较暗，作为鱼类栖息藏身之处。灯科鱼食性杂，偏动物食性，可投喂冰鲜动物性饵料。

灯科鱼产黏性卵。某些种类雌雄难以鉴定，只是在成熟后雌性腹部隆起。繁殖时水的硬度要维持在 2 ～ 5，pH 为 6 ～ 6.5，水温应保持在

24 ～ 28℃。需布置一些漂浮性水草，以备亲鱼把卵产在最上面的水草区域，使受精卵可以顺利孵化。保持柔和的光线，最好将水族箱 3 面遮光，光线由上面及正面射入，使繁殖箱底部忽明忽暗，亲鱼可以在光线照到的上层水域发情产卵。

　　灯科鱼亲鱼产卵后，应先将亲鱼移出产卵箱，再将光照强度降低。经过 25 ～ 30 小时的胚胎发育，仔鱼破膜而出。再经过 3 ～ 5 天的发育，仔鱼即能平游，开始向外界摄食。最好的开口饵料为轮虫和草履虫。此外，煮熟的蛋黄经 80 目筛绢搓滤后的蛋黄颗粒也可替代轮虫投喂，但每次不宜太多，以免败坏水质。随着灯科鱼幼鱼的长大，应逐渐提高水的硬度，最终为 8 ～ 10。

青　鳉

　　青鳉是动物界脊索动物门辐鳍鱼纲鳉形目大颌鳉科青鳉属一种。又称米鳉、稻田鱼、万年鲹、稻花鱼。

　　青鳉广泛分布于亚洲东部、东南部中南半岛及印度尼西亚群岛。

◆ 形态特征

　　青鳉成鱼 2 ～ 3 厘米，体长，向后较侧扁且尖；头稍短，背平，向前渐甚平扁；鳃孔往后无侧线；沿背中线及侧中线常各有一黑色细纹；各鳍淡黄色或白色；肛门邻臀鳍始点，椎骨较多（30 门邻臀鳍）；第 1 肋骨连第 3 椎骨，胸鳍条常为 10。青鳉形态变化主要在背部颜色和斑纹等。眼球银色层发达，呈白斑状。

◆ **生活习性**

青鳉为淡水小型中上层鱼类。生活于沟渠、稻田、池塘及江河、湖泊、水库沿岸水草丛中。青鳉喜群游于静水及缓流水区。适应性强，耐低氧，适宜 pH 为 9.5～10。青鳉摄食枝角类、桡足类、蚊虫幼体，亦食蓝藻、绿藻、硅藻、植物碎屑、鱼卵、鱼苗。人工饲养，可喂养热带鱼人工饲料。

青鳉 2～6 月龄便性成熟，各地水温不同，因此长短有差异。怀卵量 113～257 粒，天然水域产卵期 4～9 月，产卵水温 16～29℃，21～26℃ 最为适宜，产卵时间在早晨，每次产卵 1～70 枚，通常 20～30 枚，分批产出。一尾雌鱼在生殖季节可产 1500～3000 枚卵。

龙　鱼

龙鱼是动物界脊索动物门硬骨鱼纲骨舌鱼目骨舌鱼科的鱼类。通常是骨舌鱼属和硬骨舌鱼属鱼类的统称。

◆ **分布**

龙鱼广泛分布在南美洲、东南亚、澳大利亚以及非洲的热带和亚热带水域，因其体长有须，形似中国神话中的龙而得名。在 350 万年前的石炭纪就在地球上出现，因此也极具考古和学术研究价值。

◆ **形态和种类**

龙鱼体侧扁，腹部有棱突。具 1 对吻须。鳞片大且有金属光泽。因体形、鳍、体色和鳞片色泽的不同，而分为多个种类。

银龙鱼

英文名称 sliver arowana。学名双须骨舌鱼。别称银带。产自南美洲亚马孙河流域。银龙鱼体狭长而侧扁。眼大。尾小。背鳍与腹鳍较长。背鳍及臀鳍呈带状向尾鳍延伸,尾鳍较小。鳞片巨大,闪烁着银色光芒。体银白略带浅蓝色,并有浅粉红色纹路,背部泛青色。幼鱼体色较蓝,鳃盖后方有明显的蓝斑纹,随着长大而逐渐淡化。有红色、金黄色的变种。

黑龙

英文名称 black arowana。学名费氏骨舌鱼。别名黑带。黑龙产自南美洲亚马孙河流域,外形与银龙相似。幼鱼时期体色呈黑色,有一条黄色线条从中穿过,背部及腹部均为黑褐色,随着身体的成长,鱼体的黑色渐渐消失而成为银白色略带浅青紫色,各鳍均为蓝黑色,鳞片呈银色。

金龙鱼

学名美丽硬仆骨舌鱼。金龙鱼产自东南亚,因分布水域的不同而演化出多个变种。①红尾金龙(golden arowana)。产自印度尼西亚和马来西亚一带。背部为墨绿色,包含背鳍及尾鳍上半部,尾鳍下半部为鲜红色。鳃盖没有红色印块,完全呈现出亮丽的金黄色。体侧第五、第六排鳞片为独特的黑色或深褐色,金色鳞片最多只能达到第四排。②青龙(green arowana)。又称青金龙。产自马来西亚、泰国、越南、缅甸一带。鱼体呈银灰色,略带绿色,幼鱼阶段各鳍略带黄色,在成长过程中逐渐消失,而呈暗灰色并带点浅绿色,胸鳍与腹鳍的鳍尖为金黄色。体形较短小,侧线特别显露,其中以鳞片带有紫色的最为名贵。③过背金龙（malayan bonytongue）。产自马来西亚。全身长有金色略带绿色的鳞片，鳞框略带有粉红色与金黄色，体侧的亮鳞可达到第四排，甚至达到第五排。体色随着鱼龄的增加而加深，金色鳞片越过背部，从鱼身的一边跨越到另一边，其中以带蓝色光泽的过背金龙最昂贵。④红龙（red arowana）。产自印度尼西亚的苏门答腊和加里曼丹一带的河流。幼鱼的鳍呈淡淡的金绿色，鳞片边缘略带粉红色，嘴部则为浅红色。成鱼鱼体呈金黄色，鳞片边缘带有金红色的鳞框，嘴部及鳃盖均带有深红色的斑纹，各鳍均呈深红色。全身闪闪生光。依照鳞框的颜色，可分

金龙鱼

为辣椒红龙、血红龙、橙红龙、橘红龙、咖啡红龙、黄金红龙等，尤以前3种常见，以辣椒红龙为极品。⑤黄尾龙（yellow-tail arowana）。产自印度尼西亚的加里曼丹。成鱼的鳍全部为黄色，鳞片色泽没有红尾金龙亮丽。

◆ 生活习性

龙鱼在弱酸性乃至中性水质中都能生活良好。适宜水温20～30℃，以25～28℃较好。喜欢游动，需宽敞的生活空间。一般25厘米长的龙鱼，需在长为1米的水箱饲养；60厘米长的龙鱼，则需在长为1.5～2米的水箱饲养。龙鱼有跃出水面的习性，饲养水族箱要加盖。龙鱼捕食凶猛，杂食性，各种昆虫、小鱼小虾、冷冻饵、肉块甚至是动物内脏都是龙鱼喜欢的饵食，青蛙、蟋蟀、蜈蚣、蜘蛛、蟑螂等

也都是龙鱼特别喜欢的活饵。

◆ **养殖**

在正常饲养条件下，龙鱼生长很快。银龙 1 年可由雏鱼长至 60 厘米，金龙可长至 50 厘米。龙鱼记忆力很强，对人友善。长期饲养的龙鱼，对主人表现亲昵。可在主人的手掌中进食，也允许主人用手抚其头和背。但龙鱼生性胆怯，不可用手击缸，以防龙鱼在惊慌中乱撞折须。

胎鳉

胎鳉是动物界脊索动物门硬骨鱼纲鳉形目胎鳉科的鱼类。胎鳉为淡水小型鱼类，可供观赏。

◆ **形态和种类**

胎鳉最大体长 7 ～ 8 厘米。雌鱼臀鳍呈扇圆形，雄鱼的臀鳍都特化为交接器，因种类不同，略有差异。胎鳉主要代表种类有孔雀鱼、剑尾鱼、玛丽鱼、月光鱼等。由于繁殖周期短，极易选育，因此各个种类都形成了多种品系，不断在观赏鱼市场上推陈出新。

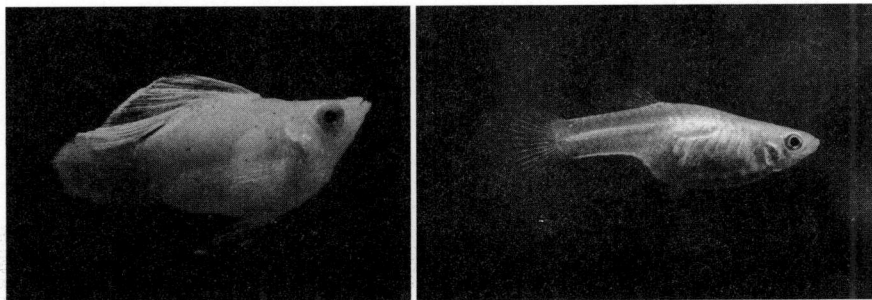

胎鳉

◆ **生活习性**

胎鳉适宜水温 20 ～ 26℃。光照 2000 ～ 3000 勒，照明时间至少每天 12 小时。水质要求 pH 中性，硬度为 6 ～ 10。胎鳉杂食性，喜食水生昆虫。以卵胎生的方式繁殖。孔雀鱼的交接器呈棒状，前端无钩。剑鱼、月鱼的交接器亦呈棒状，但前端呈现钩状，在交接时钩住雌鱼，可延长交配的时间。雌鱼的腹内往往有几个细小的卵囊，内藏卵子，受精后，各卵囊内的卵子发育不同步，胚胎发育完成后分批产出仔鱼，而残留在雌鱼体内的精液可使雌鱼多次受精。雌鱼经过受精以后，在靠近臀鳍处会出现黑色或白色的"胎斑"。"胎斑"出现后，经过 7 ～ 10 天，小鱼便可降生。

卵胎生鱼类第 1 胎往往产的不多，一般在 10 尾左右，第 2、3 胎依次增多，每产 1 胎，雌鱼增大 1 次，最大的雌鱼可产 100 尾以上的仔鱼。

斗 鱼

斗鱼是动物界脊索动物门硬骨鱼纲鲈形目丝足鲈科斗鱼亚科斗鱼属的通称。因喜斗而得名，一般作观赏用。

◆ **分布**

斗鱼分布于亚洲东南部，朝鲜亦产。

◆ **形态特征**

斗鱼体长椭圆形，侧扁。尾柄不明显。仅前鳃盖骨无锯齿；鳃盖膜愈合，不连鳃峡；鳃上腔内有瓣状辅助呼吸器官。背鳍基一般短于臀鳍基，二鳍均有较多鳍棘，前者第 3 ～ 4 鳍条，后者第 6 ～ 7 鳍条延长；

腹鳍胸位，第 1 鳍条延长呈丝状；尾鳍上下叶均延长。斗鱼体侧有 10 余条蓝绿色横带纹，带纹之间暗红；头侧略红；自吻端经眼至鳃盖有 1 褐条纹，其上下在眼后又各有 1 条；鳃盖后角有 1 暗绿色圆斑，边缘或有黄边；背鳍与臀鳍灰黑而有红边；腹鳍第 1 鳍条及尾鳍红色。雌鱼体色较暗。

◆ 生活习性

斗鱼喜栖居于小溪、河沟、池塘、稻田等缓流或静水中。雄鱼好斗，产卵期集草成巢，雄鱼口吐黏液泡沫，雌鱼产卵其中。斗鱼卵浮性，受精卵在泡沫内孵化。雄鱼尚有护卵和护幼现象。

◆ 分类

斗鱼分为中国斗鱼和泰国斗鱼两大类。

中国斗鱼

中国斗鱼共分 4 种，包括圆尾斗鱼、叉尾斗鱼、香港黑叉尾斗鱼和越南黑叉尾斗鱼。中国斗鱼成鱼体长 5 ～ 10 厘米，分布区域广泛。圆尾斗鱼主要分布于中国长江以北流域，最北达朝鲜半岛；叉尾斗鱼主要分布于长江以南，最南到中南半岛的越南中部地区；香港黑叉尾斗鱼的分布区域则以广东省的珠江三角洲为中心，向东到福建省西部一带，向北到江西省南部，向西达广西壮族自治区南部的钦州、防城、上思一带；越南黑叉尾斗鱼主要是分布于越南境内，越南南部到越南北部均有分布，向北到达中国广西壮族自治区西南部的德保、靖西、大新一带。

中国斗鱼的生活温度为 4 ～ 31℃，适宜温度为 24 ～ 27℃。喜食昆虫幼体和鱼虫，也食干饵料。性好斗，不仅互斗，又能吞食别的热带小鱼，不宜混养。中国斗鱼具有特殊的鳃上器，称迷鳃器官，可直接呼吸空气，所以对水的含氧量没有特殊要求。

泰国斗鱼

斗鱼亚科暹罗斗鱼属。又称五彩搏鱼、暹罗斗鱼和彩雀鱼。泰国斗鱼原产于泰国、马来西亚、新加坡、老挝、柬埔寨等地区。成鱼体长6～8厘米。适宜水温为 24 ～ 30℃，不能低于 18℃。对水的酸碱性、硬度不苛求。泰国斗鱼喜食水蚤、摇蚊幼虫和孑孓等活体饲料。4～8

泰国斗鱼

双尾斗鱼

中国黄鱼斗鱼

白冠尾斗鱼

半月斗鱼

月龄性腺成熟。雌鱼比雄鱼小，诸鳍也小，色泽较差。亲鱼应选择 6 厘米以上的鱼儿。雌雄鱼以 1 ∶ 1 合缸后，雄鱼吐泡筑巢，雌鱼进入孵巢区，最后雄鱼以体拥裹雌鱼，并持续许多次后，完成产卵排精。这一过程一般持续两天。受精卵孵化期间捞出雌鱼，留下雄鱼守巢护幼，两天后孵出鱼苗，捞出雄鱼。泰国斗鱼在一年中多次繁殖，一次产卵数十粒至数百粒不等。繁殖中的水温应比平时提高 2℃，以 26 ～ 27℃ 适宜，水质弱酸性、中性，硬度为 8 左右。

泰国斗鱼以好斗闻名，两雄相遇必决斗。相斗时张大腮盖，抖动诸鳍，也常常攻击同缸混养的其他小型热带鱼。因此饲养过程中不能把两尾以上的成年雄鱼放养于一缸，也不能与其他小型热带鱼混养，建议单养。按其体色可以将泰国斗鱼简单地分为浅色身体和深色身体两大类，改良型泰国斗鱼以色彩斑纹分为单色、双色、大理石纹及蝶翼。其中单色系又可以分为红、蓝、黄、白、黑 5 种体色。其中，红色系与蓝色系的泰国斗鱼在水族市场上较为常见，尤其是纯红色的泰国斗鱼更为多数水族爱好者所喜爱。泰国斗鱼品种有马尾斗鱼、狮王斗鱼、将军斗鱼、半月斗鱼和双尾斗鱼等。

慈　鲷

慈鲷是动物界脊索动物门硬骨鱼纲鲈形目慈鲷科的鱼类，可作观赏用。

◆ 分布

慈鲷主要分布在南美洲、北美洲以及非洲的一些大型湖泊，如马拉维湖、坦噶尼喀湖、维多利亚湖；另外，慈鲷在以色列、斯里兰卡、马达加斯加、印度也有分布。

◆ **形态特征**

慈鲷体两侧各有两段侧线，前段侧线近背部、后段侧线近腹部。头部两侧各有 1 个鼻孔。喉部具"咽颌"的构造。慈鲷具有锋利的牙齿。

◆ **种类**

慈鲷科中作为观赏鱼的一大类群，约有 1000 种。根据自然分布，

地图鱼

巧克力慈鲷

紫红火口

红魔鬼鱼

非洲慈鲷

蓝天使

慈鲷可以分为美洲慈鲷、非洲慈鲷和亚洲慈鲷。①美洲慈鲷。大部分分布在南美洲的亚马孙河流域，少部分在北美洲，代表种类有神仙鱼、七彩神仙鱼、地图鱼、德州豹、蓝狮头豹、巧克力慈鲷、紫红火口、红魔鬼鱼和厚唇双冠丽鱼等。②非洲慈鲷。俗称短鲷。主要分布于三大湖，即马拉维湖、维多利亚湖、坦噶尼喀湖。体色艳丽、花纹丰富、生活习性多样，多数个体较小。代表种类有非洲王子、花雀、阿里、蓝天使、蓝茉莉、马面、蓝蝴蝶和闪电王子等。③亚洲慈鲷。只在印度半岛产有1属2种，即橘子鱼和钻石菠萝鱼。

闪电王子

橘子鱼

钻石菠萝鱼

◆ **生活习性**

慈鲷大多数具攻击性，在水族箱中常会对其他鱼发起攻击，但对自己的后代则关怀备至。分布于南美洲的慈鲷种类，喜偏酸性（pH为6～7.5）软水；而分布于非洲的大部分慈鲷种类喜偏碱性有点硬的水，这主要与鱼的自然栖息地有关。南美洲亚马孙河流域是慈鲷科观赏鱼的主要栖息地，水偏酸性；而非洲的马拉维湖、维多利亚湖、坦噶尼喀湖均为偏碱性水质，在饲养时，要注意这些特点。适宜水温为 20 ～ 30℃，大部分鱼最适养水温 26 ～ 28℃。

◆ **繁殖**

慈鲷科鱼在繁殖方面有两种类型。一种是亲鱼产卵后，将卵全部吞入口中，通过嘴的开合，在口中形成水流，受精卵在口内孵化，待鱼苗孵出后，吐出鱼苗，如遇危急情况，亲鱼会将鱼苗再次吞入口中，等到危险过后，再吐出鱼苗；另一种繁殖类型是亲鱼直接将卵产在光滑的石块或宽叶水草上，亲鱼在产卵前，用嘴把这些石块或水草舔刮干净，然后雌鱼在上面一排排产卵，雄鱼紧接着排精，使卵受精。

产卵后，慈鲷雌、雄鱼在受精卵旁轮流护卵，不断地划动水流，使受精卵有充足的氧气进行胚胎发育，对有些未受精、颜色发白的卵，亲鱼有时还会将其吞食，以免产生霉菌而影响其他正常发育的受精卵。此外，雌、雄鱼在配对方面也很挑剔，假如雌、雄鱼性情不和，不但不能交配产卵，还会相互厮杀。因此，挑选好合适的繁殖对象，也是繁殖成功的关键。最好的方法是将 8 ～ 10 尾鱼养在一起，让其自然配对。本科鱼中比较容易繁殖的有神仙鱼类、地图鱼类等，难度较大的有七彩神仙鱼等。

罗汉鱼

罗汉鱼是动物界脊索动物门硬骨鱼纲鲈形目慈鲷科慈鲷属一种。又称彩鲷、花罗汉等。罗汉鱼是由南美洲丽鱼科多个种类经过不断杂交选育而培育出的一类观赏鱼品种，因其头部隆起似罗汉而得名。

◆ **形态和品种**

罗汉鱼一般体长可达 50 ～ 60 厘米，体重可达 2 千克。拥有宽阔的体形，身体侧扁，体长与体高相近。额珠高耸饱满。眼睛明亮。罗汉鱼色彩丰富，具有很高的观赏价值。罗汉鱼品系很多，如珍珠品系、金花品系、马骝品系、德萨斯品系等十分受人们喜爱。

◆ **生活习性**

罗汉鱼生活在中性偏碱的水质中，pH 在 6.0 ～ 7.8；适宜水温 28 ～ 30℃，最适水温是 28℃。一般需 3 ～ 5 天换水 1 次，每次换水量约为 1/3。罗汉鱼属于观赏鱼中的大型鱼类，具有很强的领域意识，在混合养殖中颇为霸气、好打斗，适合单独饲养。罗汉鱼食性广，天然饲料、人工饲料均可用于投喂，一般采用丰年虾、虾肉、鱼、血虫、水蚯蚓等喂养。此外，在罗汉鱼养殖过程中，除需良好水质、饵料外，还要十分注意其额珠的状况，必要时可采取一些方法促进其额珠的发育。

雄性罗汉鱼个体明显大于雌性个体，性成熟期 8 个月至 2 年不等，雌鱼性成熟早，大约 5 个月可以产卵，产黏性卵，有护幼习性。而雄鱼则需要 6 个月以上，发情时雌鱼会产生婚姻色。

斑马鱼

斑马鱼是动物界脊索动物门硬骨鱼纲辐鳍鱼亚纲鲤形目鲤科鱼丹属一种。俗称花条鱼、蓝条鱼。因体有斑马状条纹，故名。

◆ **分布**

斑马鱼原产印度、巴基斯坦、孟加拉国和尼泊尔等南亚国家。斑马鱼和人类基因有高达 87% 的相似性，作为模式生物，不仅应用于遗传学和发育生物学研究，而且拓展到疾病模型和药物筛选领域，能够全面地评估化合物的活性和毒副作用，实现高内涵筛选。

◆ **形态和种类**

斑马鱼体长 4 ～ 6 厘米，最大可达 8 厘米。体呈纺锤形，稍侧扁。背部为橄榄色，体侧从头至尾布满蓝色条纹，雄鱼为深蓝间柠檬色条纹，雌鱼为蓝色间银灰色条纹。眼眶虹膜黄色，泛红。臀鳍宽大，胸鳍较小。斑马鱼雄性鱼体修长，鳍大，体色偏黄，臀鳍呈棕黄色，条纹显著；雌性鱼体肥大，体色较淡，偏蓝，臀鳍呈淡黄色，怀卵期腹部膨大。斑马鱼品种有 10 多种，有长鳍斑马鱼、金丝斑马鱼、闪电斑马鱼、大斑马鱼等，区别主要在于条纹、色彩和鱼鳍。

◆ **生活习性**

斑马鱼适宜水温为 22 ～ 30℃，在 15 ～ 40℃ 均可生存。对水质要求不苛刻，喜中性水。喜在上层水域活动觅食，对饵料不挑剔，鱼虫及人工饵料均可摄食。为保持斑马鱼较好的繁殖和生长条件，多种饵料结合投喂较为适宜。对于繁殖的成鱼，适宜的饵料为优质的活饵料，如丰年虫、水蚤、水丝蚓等。

斑马鱼属卵生鱼类，3 月龄进入性成熟期，一般 6 月龄鱼可用于繁殖。繁殖时可按雌雄 1 ∶ 2 比例放入繁殖缸，一条雌鱼每次可产卵 100 ～ 600 粒，最多可达 1000 粒。斑马鱼繁殖周期约 10 天，可连续繁殖多次，卵为无黏性的沉性卵。

锦 鲤

锦鲤是动物界脊索动物门辐鳍鱼纲鲤形目鲤科鲤属一种。身具色彩和斑纹，观赏价值高。

除德国锦鲤外的所有锦鲤，从生物学意义上讲都属于同一物种。根据锦鲤的色彩及斑纹的不同，可分出 100 多个品种。锦鲤的遗传变异性很大，如昭和三色的雌雄个体交配，子 1 代中出现昭和三色特征的概率仅为 20%，与亲鱼的色彩、花纹完全相同的仅有千分之几。

◆ 概况

公元前 533 年，中国就有关于锦鲤饲养方面的书籍，当时锦鲤的色彩仅限于红、灰两种，且锦鲤的饲养目的仅限于食用。公元前 200 年，锦鲤从中国经由朝鲜传入日本，之后一直到 17 世纪，逐渐在日本西北海岸的新潟地区建立起锦鲤的养殖中心。1804 ～ 1829 年，日本将普通鲤改良成锦鲤，故锦鲤被称作日本"国鱼"。后来，培育出了德国锦鲤。

19 世纪，当地通过人工繁殖和家系选育，形成了红色、白色和亮黄色品种，然后通过红色和白色锦鲤的杂交，成为有史以来最早的红白锦鲤。同样，陆续出现了浅黄、黄写和别光锦鲤。这些种类的锦鲤能够几个世代保持稳定的性状，由此出现了一系列品系。

20 世纪初，日本引进了一些德国锦鲤，并与浅黄锦鲤杂交首次繁殖出秋翠锦鲤（德国锦鲤的一种）。1914 年以后，锦鲤逐渐被引到新潟地区以外饲养，整个锦鲤养殖业开始繁荣起来，而在不断杂交育种的尝试下，陆续出现了一些新品种，如大正三色（红白锦鲤 × 别光锦鲤，

1917）、黄写（黄别光锦鲤 × 真鲤，1920）、白写（黄写三色 × 白别光，1925）、昭和三色（1927）、黄金（1947）、昭和黄金（1958）、松叶黄金（1960）、孔雀黄金（1960）等品种。

◆ 主要种类

红白锦鲤

鱼身色彩是白底上具有红色花纹的锦鲤。红白锦鲤是锦鲤中最具观赏价值也是最引人瞩目的品种。格言道"始于红白，而终于红白"就说明了这一点，意思是刚出现红白锦鲤时为之赞叹，以后虽然又出现了许多其他种类，令人眼花缭乱，但最终还是觉得红白锦鲤最好。

大正三色

白底上有红色或黑色斑纹的锦鲤称为大正三色。其基本要求是头部仅有红斑而无黑斑，胸鳍上有黑色条纹或无黑色条纹。大正三色同红白一样，是锦鲤的代表品种。

昭和三色

黑底上有红、白斑纹，胸鳍的基部有黑斑的锦鲤称为昭和三色。昭和三色与大正三色的区别在于：虽然二者都有红、白、黑 3 种颜色，但大正三色是白底上有红、黑两种斑纹，而昭和三色则是黑底上有红、白两种斑纹。具体区别有 3 点：①大正三色头部无黑斑，而昭和三色有。②大正三色的黑色呈圆块状，分布于鱼体侧线以上部分，而昭和三色的黑斑呈连续的带状或细纹状，遍布于全身，包括侧线以下的腹部。③大正三色的胸鳍是全白或有黑条纹，而昭和三色的胸鳍基部必定有圆块状黑斑。实际上，大正三色和昭和三色的黑斑在"质"上是有区别的：前者是白底上的黑斑（墨穴），后者的黑斑无白底衬托。

别光

白底、红底或黄底上有黑斑的锦鲤称为别光，属大正三色系列。

写鲤

黑底质上有三角形白、黄或红斑纹的锦鲤。

浅黄

背部呈深蓝色或浅蓝色，成片蓝色或浅蓝色鳞片的外缘（覆轮）呈白色，头部两侧鳃盖、腹部及各鳍基部均呈红色的锦鲤称为浅黄锦鲤。德国鲤系统的浅黄锦鲤称为秋翠。

衣鲤

红白锦鲤或二色锦鲤与浅黄锦鲤交配所产生的品种。

黄金与白金

全身都是金黄色的鲤鱼称为黄金锦鲤。黄金锦鲤与灰黄金锦鲤交配，得到1种全身银白色的锦鲤，称为白金锦鲤。德国鲤中全身银白色的锦鲤称为德国白金。

金银鳞

金银鳞类锦鲤的鳞片能发出金色或银色光彩，故称"金银鳞"。如红白锦鲤带有发光鳞片者则称银鳞红白，类推可得出银鳞昭和、银鳞三色等。

丹顶

头部有1块圆形红斑，而鱼体上无红斑的锦鲤称为丹顶。丹顶只能在头部有1块圆形红斑。

◆ **生活习性**

锦鲤个体较大，体长可达 1 米，重 10 千克以上。锦鲤生性温和，喜群游。生长适宜水温为 20 ～ 25℃，对水温、水质的要求不严，可生活于 5 ～ 30℃ 水温环境。适于生活在微碱性、硬度低的水质环境中。锦鲤杂食性，一般采食软体动物、高等水生植物碎片、底栖动物以至细小的藻类或人工合成颗粒饵料。性成熟为 2 ～ 3 龄。每年 4 ～ 5 月产卵。寿命长，平均约 70 岁。

黄金锦鲤　　　　　　　　　　　　锦鲤

◆ **养殖**

锦鲤易饲养，可在公园、庭院的水池中饲养，也可选择室内水族箱内饲养。但养殖时需注意防治痘疮病、肤霉病、皮肤发炎充血病、赤皮病、肠炎病、黏细菌性烂鳃病、白头白嘴病、竖鳞病、打印病、烂尾病、斜管虫病、黏孢子虫病等。

卵 鳉

卵鳉是动物界脊索动物门硬骨鱼纲鳉形目单唇鳉科、鳉科、底鳉科、深鳉科和瓦伦鳉科鱼类统称。卵鳉为淡水小型鱼类，以卵生的方式繁殖，可作观赏鱼。

◆ 形态和种类

全世界卵鳉约有 1300 种，分布在鳉形目的 5 科 8 亚科 90 多属中，其中溪鳉亚科中占比最多。可作观赏的卵鳉有 75 个属，品种有数百种之多；多数体长 2.5 ～ 5 厘米，最长 15 厘米；大多有极为

卵鳉

迷人的体色，是淡水观赏鱼中极少数可以和海生珊瑚鱼相媲美的鱼种之一。

◆ 生活习性

大多数卵鳉对水质适应性广，水的硬度、酸碱度高低往往都能适应，对水中的氨类、亚硝酸盐类也不敏感，在没有过滤系统及生化系统的水族箱中，都可以悠哉游动，生息繁衍。这些特点使它们成为受欢迎的热带观赏鱼种之一。

卵鳉往往都具有极强的地域性，彼此会为保护地盘而剧烈争斗，且争斗不像斗鱼那样只在成鱼和接近成鱼的雄鱼间进行，许多多年生鳉鱼的争斗在很小的时候就会表现出来。部分种类不但攻击同类，也攻击异类鱼。也有品种性情温和，适于混养。卵鳉杂食性，喜食水生昆虫（如摇蚊幼虫）、甲壳动物、蠕虫等。

◆ 特点

饲养的观赏卵鳉被分为两类，一类为一年生鳉鱼，另一类为多年生

鳉鱼。共同特点：①寿命不长。一年生鳉鱼寿命为 10 个月至 1 年，多年生鳉鱼寿命最多也只有 5～6 年。②都属多次产卵的鱼类。并没有明确的产卵期，产卵频率高，有的品种甚至会天天产卵。③一次产卵量少。一次产卵多辄十几粒，少辄一、二颗。④鱼卵孵化期长。多年生鳉鱼卵孵化期一般为一到数个星期，一年生鳉鱼卵则往往要经过几个月的休眠期后才能孵化。

卵鳉在国际上虽极受欢迎，但在鱼店很难见到其身影。许多国家有卵鳉协会，一般在协会举行的拍卖会上出售。

玛丽鱼

玛丽鱼是动物界脊索动物门硬骨鱼纲鳉形目鳉亚目花鳉科花鳉属，通常有 *Poecilia latipinna* 和 *Poecilia velifera* 两种。养殖品种主要是 *Poecilia latipinna*。可作观赏用。

玛丽鱼最初分布于美国南部，原属于沿海海水鱼类，经长期的人工培养，已逐渐适应在淡水中生活。

玛丽鱼体长 5～6 厘米。经长期选育，玛丽鱼已分化为许多品种，

黑色气球玛丽鱼　　　　　　银色气球玛丽鱼

常见的如黑玛丽、银玛丽、气球玛丽、云石玛丽等。

适应水温因品种不同而有所区别，*Poecilia latipinna* 为 25 ～ 30℃，而 *Poecilia velifera* 为 22 ～ 26℃，这可能与其原本生活在

黑玛丽鱼

海水中有关。最低光照强度为 2000 ～ 3000 勒，一天应至少保证 12 小时光照。对水质要求较一般鱼高，pH 为 7.2 ～ 7.6，硬度为 8 ～ 10，如能在水中稍微加些盐，则更有利于其生长，使之不易患病。人工投饵应以植物性饵料为主，辅以少量的动物性饵料，水族箱中最好多种些水草，长在箱壁以及石块上的藻类也是其喜食饵料之一。

一般经过 5 ～ 6 个月的培养，幼鱼即可长大成熟。玛丽鱼交配时雄鱼略多一些，交配后的亲鱼经过半个月饲养，腹部逐渐膨大，出现白色"胎斑"，并喜欢在草丛中静卧，不爱游动，故繁殖箱中应多布置些水草。玛丽鱼每胎产仔鱼的数量主要视亲鱼的情况而定，最多可达 100 多尾，少则几十尾。亲鱼产过仔鱼后应及时将其同仔鱼分开，并提供充足的饵料以保证以后的繁殖。

爬岩鳅属

爬岩鳅属是动物界脊索动物门硬骨鱼纲鲤形目平鳍鳅科的一属。

◆ 分布和种类

爬岩鳅属有效种共 14 种，主要分布于中国、越南等国。爬岩鳅属

在中国分布有 11 种，主要分布于元江、南盘江、珠江、长江等水系和海南地区，代表种类包括贵州爬岩鳅、四川爬岩鳅、侧沟爬岩鳅等。其中，贵州爬岩鳅是水族市场常见的观赏鱼类。

◆ **形态特征**

爬岩鳅属鱼类头及体前部宽而平扁，后部略侧扁，体高显著小于体宽。口下位，口裂呈弧形，口前具吻沟和吻褶。吻褶分 3 叶，叶间具 2 对小吻须。口角须 1 对。唇肉质，结构简单。鳃裂很窄，仅限于胸鳍基部的背上方。爬岩鳅属鱼类胸鳍基部具有很发达的肉质鳍柄，起点越过眼后缘垂直线，末端盖过腹鳍起点；腹鳍基部背侧具一发达的肉质鳍瓣，后缘鳍条左右相连，呈吸盘状；尾鳍斜截或浅凹。

贵州爬岩鳅

贵州爬岩鳅是动物界脊索动物门硬骨鱼纲鲤形目平鳍鳅科爬岩鳅属的一种。俗称爬岩鱼、粘鼻鱼、石壁鱼。

◆ **地理分布**

贵州爬岩鳅分布于珠江的西江和都流江等水系，在广西分布于龙江、寻江、融江和漓江等水系，是中国的特有鱼类，模式产地在贵州三合。

◆ **形态特征**

贵州爬岩鳅体稍延长，前段较平扁，后段侧扁，背缘稍隆起，腹面平坦。头较宽扁，吻端圆钝，边缘较薄。吻长大于眼后头长。口下位，较大，呈弧形。唇肉质，上唇无明显乳突，下唇中部稍内凹，左右唇片边缘无乳突，上下唇在口角处相连。下颌外露。上唇与吻端之间具吻沟，延伸到口角。吻沟前具发达的吻褶，吻褶分 3 叶，叶端圆钝，呈小球状凸出。吻褶叶间具 2 对小吻须。口角须 1 对。眼侧上位，较小，腹面不可见。眼间距宽。鳃裂极小，仅限于头的背侧。

贵州爬岩鳅鳞较小，为皮膜所覆盖。头部及偶鳍基部的背面和腹鳍基前的腹面裸露无鳞。侧线完全，平直延伸到尾鳍基部。背鳍基长稍大于吻长，起点约在吻端至尾鳍基之间的中点。臀鳍基长约为吻长的一半，第一根不分支鳍条特化为较强壮的扁平硬刺。偶鳍平展。胸鳍起点在鼻孔中部的垂直下方，末端稍超过腹鳍起点。腹鳍基部具一接近吻长的

贵州爬岩鳅

肉质瓣膜，左右腹鳍相连处有较深的缺刻，后缘接近或稍超过肛门。尾鳍长稍大于头长，末端斜截，下叶稍长。贵州爬岩鳅头部及体背侧密布小圆斑。偶鳍带黑白相间的边缘，靠基部有小黑斑；奇鳍均有黑色斑点组成的条纹。

◆ 生活习性

贵州爬岩鳅为底栖小型鱼类，生活在水流较急、多石的山溪和河流的上游。以藻类和底栖无脊椎动物为食。常见体长 5 厘米左右，最大体长 8 厘米。野外有一定的资源量。

◆ 价值

贵州爬岩鳅已成为一种流行的观赏鱼类。在观赏鱼界也经常被称作"琵琶鼠""贵爬"。

第 3 章

观赏虾类

观赏虾类是动物界节肢动物门甲壳亚门软甲纲十足目具有观赏价值的虾类的统称。有些种类还具有清洁水族缸的作用。

观赏虾共有 38 个品种，大部分观赏虾体色鲜艳、花纹精致、个体小巧。观赏虾类有淡水种和海水种的区别，产地源于各大洲，常见种类有黑壳虾、水晶虾、猬虾等。

◆ 形态和种类

大部分观赏虾体形较小，体长 2.5 ～ 7.5 厘米，部分种类可长到 20 厘米。

淡水观赏虾大部分隶属于匙指虾科和螯虾科。匙指虾科的观赏性种类主要出产于亚洲东部区域，如蜜蜂虾、水晶虾、虎纹虾、钻石虾、樱花虾、珍珠虾、红鼻虾、绿鼻虾、火焰虾等。螯虾科的观赏性种类主要分布于美洲及大洋洲的澳大利亚，其体形较大，甲壳坚厚，头胸甲稍侧扁，前侧缘除海螯虾科外，不与口前板愈合；侧缘也不与胸部腹甲和胸肢基部愈合，颈沟明显，双鞭，第 1 触角较短小，第 2 触角有较发达的鳞片，3 对颚足都具外肢；步足全为单枝型，前 3 对螯状，其中第 1 对特别强大、坚厚，故称螯虾。比较常见的观赏螯虾有蓝魔虾、白螯虾、红螯虾、迷你橘螯虾等。

海水观赏虾多数属于野外采集种类，由于人工繁殖技术还不够成熟，品种和数量都比较稀缺，价格十分昂贵。海水观赏虾主要集中在以下几个科：猥虾科、藻虾科、动额虾科、长臂虾科、枪虾科、膜壳虾科、叶颚虾科，如常见的猥虾、机械虾、清洁虾、珊瑚虾、拳击虾、油彩蜡膜虾、杂色龙虾等。

◆ 生活习性

不同种类的观赏虾对养殖环境条件的要求不同，例如水晶虾适宜的水温是 20 ～ 30℃，最适水温是 22 ～ 24℃。当观赏虾处于繁殖期的时候，相对温度需比平时提高 1 ～ 2℃。当水温 25℃ 时，是孵化的最适温度。水晶虾喜弱酸性水，pH 应控制在 6.2 ～ 6.8，碳酸盐硬度（KH）为 1 ～ 2，一般硬度（GH）为 4 ～ 6。

观赏虾类的绝大部分种类为杂食性。在饲养中，观赏虾以素食为主，可投喂粒粮、片粮、红虫、丰年虾、苔藓、水藻、水草、泥中矿物质、淡水虾专用粮、有机菠菜等，但是尽量不要投喂死鱼。虽然观赏虾的食物主要以素食为主，但适当投喂肉食对于补充观赏虾的营养很关键。在繁殖时，利用丰年虫和颗粒状饲料轮流喂养可以提高幼虾的发育速度和存活率。

中华小长臂虾

中华小长臂虾是动物界节肢动物门甲壳纲十足目长臂虾科小长臂虾属一种淡水小型虾类。又称花腰虾。中华小长臂虾是中国唯一有记载的小长臂虾属物种。

◆ **分布**

中华小长臂虾为古北界种，最早分布于中国北方和俄罗斯的西伯利亚及越南、缅甸、俄罗斯、日本中部等地，后由于各地间的水产苗种运输的携带作用使得长江以南地区也广泛存在，于中国东北（辽宁、吉林、黑龙江）、华北（河北）、西南（云南）以及长江中下游（江苏）的河流和淡水湖泊中均有发现，特别是在云南，已成为常见的淡水虾。长江流域中华小长臂虾由于过度捕捞，资源量已很少。

◆ **形态特征**

中华小长臂虾体长一般为 25 ～ 50 毫米，体重 0.3 ～ 1.4 克。额角短于头胸甲，无鸡冠状隆起，平直前伸，末端尖锐，上缘具 5 ～ 6 齿，下缘具 1 ～ 2 齿。头胸甲平滑，具触角刺和腮甲刺，无肝刺。中华小长臂虾腮甲沟伸至头胸甲中部之前，尾节末端呈刺状，两侧具 1 大刺及 1 小刺，背面有 2 对活动小刺。眼大，角膜宽于眼柄，具有 1 小单眼。第一触角柄柄刺较少，伸至第一节中部附近；第二触角鳞片长不到宽的 3 倍；外末角刺超出第一触角角柄末端。大鳄不具触须，门齿部具 3 小齿，臼齿部也具有小突起。中华小长臂虾第一步足伸达或稍超出第二触角鳞片末端，第二步足显著长于第一步足，末 3 对步足呈爪状，第三步足掌节后缘具 4 ～ 5 根细刺。此虾有 1 对鲜明的白色触须，向上竖起并时不时地抽动。身体较透明，虾体上有 7 条棕色条纹，以第三腹节后缘的颜色最浓。

◆ 生活习性

中华小长臂虾通常生活在淡水池沼内的水草丛中，多见水草茂盛的水域。性杂食，喜食小型动物或其尸体，也食水生植物或有机碎屑，对藻类的摄食不强。中华小长臂虾性情较为温和，基本不对鱼虾造成伤害，在足够的食物下，可以和其他鱼虾共存，但是对鱼卵和鱼苗有一定威胁。

中华小长臂虾为小型虾类，繁殖季节自夏初至秋末，连续抱卵2～3次，产量较大。一般发育成熟的雌虾比雄虾体形大，交尾完成后即产卵。产出的卵附着在雌虾的第1～4腹足上。虾卵由于个体差异和发育时间的不同，可能会呈现出黄褐色乃至浅黄色，随着孵化日期的增加，虾卵透明部分会越来越多，孵化前能看到幼虾的眼睛。幼虾孵化时雌虾会非常频繁的扇动泳足，每次扇动都会有一些孵化出的幼虾脱离母体，直到所有幼虾下身，母虾才会蜕下旧皮并准备孕育下一次虾卵。一般溞状幼体以前的幼体均在卵内度过，刚孵化的幼体器官结构即较为完善，能爬行和游泳，经过3次蜕皮即可完成变态。

◆ 资源利用

虾类一直是渔业捕捞的重要产量之一，虽个体小，但营养价值极高，蛋白质含量高达18%～38%。长期以来，各江河、湖泊虾类捕捞主要以日本沼虾、秀丽白虾为主，其他虾类的产量较少，随着中华小长臂虾分布范围越来越广，加之繁殖快、数量多、肉质鲜美，亦成为虾类捕捞产量的主要种类之一。

捕虾的网具主要有虾拖网、虾推网和虾笼等，多以小木渔船为主。

21 世纪前后以来，资源环境的恶化使得中华小长臂虾在自然界中的数量急剧减少，加之中国和日韩市场的旺盛需求导致其供不应求，价格也逐年增加，进一步加剧了对其捕捞的力度，导致其资源衰减严重。随着经济价值的不断提高，中华小长臂虾的人工繁育已经逐步展开。

◆ 价值

中华小长臂虾作为初级和次级消费者，具有重要的生态价值，可以作为许多鱼类和蟹类的主要饵料；同时，具有一定经济价值和观赏价值。中华小长臂虾味道鲜美、营养价值高，深受消费者喜爱，一般鲜食或煮熟加工成小虾米。在日本，中华小长臂虾与日本的条纹长臂虾共同作为食品出售。此外，中华小长臂虾还是发展人工配合饲料的动物蛋白之一。

第 4 章

观赏贝类

观赏贝类是指动物界软体动物门具观赏价值的一类软体动物。种类繁多，分布广泛。

◆ 形态特征

观赏贝类的身体柔软，左右对称，不分节，由头、斧足、内脏囊、外套膜和贝壳五部分组成。观赏贝类的神经系统由脑、足、侧、脏四对神经节和与其联络的神经构成。贝类靠鳃和肺呼吸。观赏贝类雌雄异体或雌雄同体。

◆ 种类

主要观赏贝类有：①牡蛎。世界上第一大养殖贝类，是人类可利用的重要海洋生物资源之一，为全球性分布种类。牡蛎不仅肉鲜味美、营养丰富，而且具有药用价值。全球性分布。②贻贝。一种双壳类软体动物，壳黑褐色，生活在海滨岩石上。分布于中国黄海、渤海沿岸。不饱和脂肪酸的含量相对较高。被誉为海中鸡蛋。③蛤。蛤蜊，其肉质鲜美，被称为"天下第一鲜""百味之冠"，蛤蜊的营养特点是高蛋白、高微量元素、高铁、高钙、少脂肪。蛤蜊是中国青岛、大连、烟台、威海等沿海城市的独特海产品。④乌贼。又称墨鱼、墨斗鱼。乌贼目海产头足类软体动物，与章鱼和枪乌贼近缘。乌贼喜栖息于远海的海洋深水中生活。乌贼的肉可食，它的墨囊里边的墨汁可加工为工业所用。⑤螺。指有一个封闭的壳，可以完全缩入其中以得保护的腹足类动物。大部分螺类用鳃呼吸，营底栖生活，有一部分螺类有"肺"能呼吸空气，称肺螺类，能营两栖生活。螺类种类繁多，海淡水均有大量分布，具有重要经济价值。

◆ 生活习性

贝类的生活方式因种类而异，陆生种类属于腹足类，都用肌肉健壮的足部在陆地上爬行。水生的种类生活方式有浮游、游泳、爬行、固着、穿孔和寄生等类型。贝类的繁殖方式也因种类而不同。单板纲、多板纲、掘足纲、头足纲和绝大多数的前鳃类都是雌雄异体，后鳃类、无板纲、前鳃类和双壳类的很少一部分以及全部肺螺类都是雌雄同体。也有一些种类有性转变，如某些种的牡蛎、船蛆和帆螺等。贝类的摄食方式有捕食和滤食之分。捕食性种类又可分为草食性和肉食性。观赏贝类主要分布在海洋中，有极少部分种群生活在淡水湖泊中。

◆ 价值

观赏贝类可美化水族缸，自然生态造景，俗称"会移动的活景观"，具有清淤除藻、活化底床作用。观赏贝类绝大多数种均可食用，很多贝类的肉质肥嫩，鲜美可口，营养丰富。

虎斑宝贝

虎斑宝贝是中腹足目宝贝科宝贝属的一种。又称黑星宝螺。

◆ **地理分布**

虎斑宝贝是印度洋—太平洋暖海区广布种；在中国，主要分布于台湾、香港、海南岛、西沙群岛及南沙群岛等地。

◆ **形态特征**

虎斑宝贝贝壳较大，最大壳长可达 150 毫米以上，呈卵圆形，质地结实、厚重。壳面通常呈乳白色、黄褐色或灰褐色（随栖息环境而变化），并布满大小不一的不规则黑褐色斑点，背线较明显。虎斑宝贝腹面通常为

虎斑宝贝

白色，壳口窄长，内面白色或淡紫色，两唇缘具齿列。前水管沟凸出，后水管沟钝。虎斑宝贝幼体贝壳较薄，螺旋部明显，壳面通常为淡灰褐色，背部具有断续的色带和褐色斑点，壳口齿不发达。虎斑宝贝外套膜呈灰色或灰黄色，其上具深褐色的斑纹，并布满大量的黄色钉状突起，尖端呈白色。

◆ **生活习性**

虎斑宝贝为暖水性贝类，适宜的生活水温在 22 ～ 26℃。通常生活于低潮线附近至水深 3 ～ 40 米、有珊瑚礁或海藻伴生的砂质海底中。虎斑宝贝通常以珊瑚、海绵和其他小型无

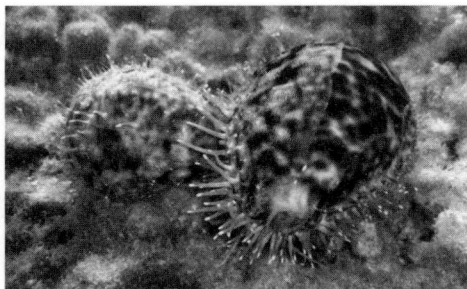

虎斑宝贝及其生境

脊椎动物为食，幼体主要以底栖硅藻为食。

◆ 生活史特征

虎斑宝贝雌雄异体，繁殖季多在 4 ～ 8 月，雌性有护卵的行为。

◆ 经济价值

虎斑宝贝肉可食用。贝壳美丽适合收藏和观赏，且具有一定的药用价值，有医治高血压、血虚，镇惊安神的疗效。

◆ 濒危原因

虎斑宝贝为中国海南岛以南沿海地区常见种，曾经在西沙群岛等岛礁很常见，但由于栖息地环境遭到破坏和过度采捕等原因，在全球范围内的数量呈急剧减少的趋势，在中国沿海地区已濒临灭绝。

◆ 保护措施

虎斑宝贝在中国属国家二级保护野生动物，已被列入《中华人民共和国野生动物保护法》《国家重点保护野生动物名录》及《中国物种红色名录》中对其进行重点保护。

金星宝贝

金星宝贝是中腹足目宝贝科金星宝贝属的一种。又称金星宝螺、黑白合宝螺。

在中国，金星宝贝主要分布于东海、台湾及西沙群岛。在国外，金星宝贝分布于日本、菲律宾、美拉尼西亚岛群及澳大利亚的昆士兰州海域。

金星宝贝贝壳中等大，最大壳长可达 75 毫米以上，近梨形，两端凸出，背部膨圆。壳面橘黄色，散布有星状白色大斑点和一些小斑点，背线明显，略弯曲。金星宝贝腹部白色，两唇齿为红褐色，极为发达，可延伸至腹面的边缘和前后水管沟的背部，并在腹部两侧形成红褐色的条纹区，贝壳的两侧或一侧通常有白色的胼胝。金星宝贝外套膜呈黄褐色，其上布满大量的疣状突起，且具有很多分枝。

金星宝贝通常栖息于水深80～300米、有岩礁存在的沙质海底中，以海绵和其他小型无脊椎动物为食。金星宝贝贝壳极为美丽，是闻名世界的观赏种类。东海拖网作业导致其栖息地被严重破坏，数量急剧下降，亟待加强保护。

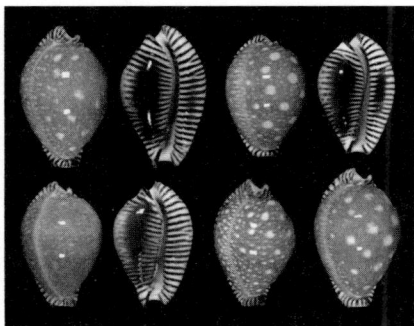

金星宝贝

寺町喙宝贝

寺町喙宝贝是中腹足目宝贝科喙宝贝属的一种。又称寺町宝螺。寺町喙宝贝主要分布于中国台湾地区和东海以东外海。此外，在日本、菲律宾和新喀里多尼亚岛等地也有寺町喙宝贝分布。

寺町喙宝贝贝壳中等大或较大，最大壳长可达80毫米，呈梨形，背部膨圆，前水管沟呈鸭嘴状并向前方凸出，后水管沟向背部翘起。寺町喙宝贝贝壳光滑，具蜡状光泽。

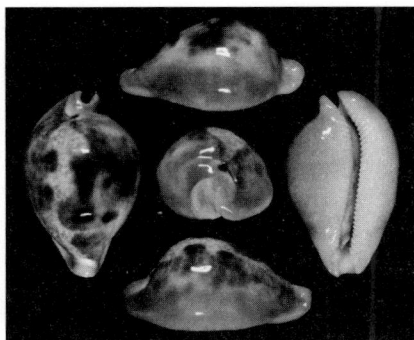

寺町喙宝贝形态图

壳面呈淡黄褐色，通常具不规则的红褐色斑点，背缘通常环绕有褐色的斑带。腹面颜色淡，呈白色或蜡黄色。寺町喙宝贝壳口狭长，轴唇齿两端强，中部弱。外唇齿稍强而短。

　　寺町喙宝贝为深水种，通常栖息于水深150～400米、有海绵或海藻伴生的岩礁质或砾石质海底中。寺町喙宝贝为世界著名观赏贝类，其指名亚种为中国和日本特有种，数量极为稀少。由于东海的拖网作业导致其栖息地破坏严重，亟待加强保护。

第 5 章

观赏龟鳖

观赏龟鳖是动物界脊索动物门爬行纲龟鳖目曲颈龟亚目和侧颈龟亚目具有观赏价值成员的统称。

曲颈龟亚目现存10科192种,其中龟类有9科169种,鳖类1科23种。中国的观赏龟鳖均属此亚目。侧颈龟亚目中无鳖类,仅有龟类,且为比较古老的类群,仅残存2科65种,分布于南半球的澳大利亚,以及南非和南美。观赏龟鳖在全世界均有分布。

◆ 形态

观赏龟鳖属于爬行类动物,具有头、颈、躯、尾和四肢。与其他爬行动物相比,观赏龟鳖的特殊形态构造是具有龟壳。龟壳由拱起的背甲和扁平的腹甲构成:腹甲在体侧延伸,以骨缝或韧带与背甲相连,这个伸长部分称为甲桥。头、四肢和尾从龟壳边缘伸出,除平胸龟例外一般均能缩入壳内。龟类上下颌均无齿,颌缘被以角质鞘,称为喙。有眼睑及瞬膜,瞳孔圆形。听觉不敏锐,触觉及嗅觉较发达,肺呼吸。

◆ 种类

观赏龟鳖种类较多,常见的品种有巴西彩龟、中华草龟、鳄龟、黄喉拟水龟等。

◆ 生活习性

龟鳖类是变温动物，不像鸟类等能维持自身体温的恒定。因此，龟鳖的活动能力、进食也完全受温度的影响。每年 4～9 月，当温度达 16～20℃，龟鳖开始进食、活动，25℃以上尤其活跃。10 月至次年 3 月份，当温度低于 10～15℃ 时龟鳖眼闭不动，进入冬眠状态。对于人工养殖的热带观赏龟鳖，可采用加热的模式防止其冬眠。

在龟鳖类中，每个"家族"都有各自的不同食性。按照饵料的来源，龟鳖的食性可分为 3 种类型：动物性、植物性和杂食性。一般来说，水栖龟类为杂食性，如平胸龟科、鳖科、鳄龟科、龟科中的大部分成员通常以各种肉、鱼、蠕虫等为食，亦食少量植物。东南亚海栖龟类为杂食性，食海藻、鱼类、甲壳类动物等。半水栖龟类为动物性，黄缘盒龟、地龟等食蚂蚁、面包虫、猪肉等，但不食鱼肉。陆栖龟类食植物，如黄瓜、香蕉、白菜等瓜果蔬菜及各种草类。在龟类的食性上，龟科、泥龟科、水龟科最为复杂，动物性、植物性的种类皆有。

观赏龟鳖均为卵生动物。雌雄辨别可通过乌龟尾巴鉴别，雄性尾巴细长，雌性尾巴短粗。每年 5～10 月是龟鳖类繁殖的季节，在交配时雄龟先向雌龟发出强烈的信号。水栖龟类的雄龟，以惊人的速度向雌龟激烈追逐。若雌龟逃离，雄龟则绕至前方，并伸长头颈，反复追咬雌龟的前腿。产卵前，龟鳖用后肢挖掘 8～20 厘米深的洞穴，然后夹紧尾巴，进入卵穴。龟鳖产卵数随着年龄的增加而增加。龟鳖类动物没有守巢的习性，产卵后，仅用后肢扒沙将卵掩盖，随后离开产卵地。龟鳖卵的孵化完全是依赖于太阳和沙土的温度，孵化期与气温有着密切的关系，一般需要 55 ～ 80 天。

黄喉拟水龟

黄喉拟水龟是动物界爬行纲龟鳖目地龟科拟水龟属一种。又称石龟、水龟、黄板龟。中国南方常见龟类之一，可接种藻类生成"绿毛龟"供观赏。黄喉拟水龟分布于越南和日本；在中国长江以南各省区也均有分布。

◆ 形态特征

黄喉拟水龟头部较小，头顶平滑无鳞，淡橄榄色，两条黄色条纹自眼缘经头侧延伸到颈部。喉部淡黄色，部分有深色斑点。黄喉拟水龟背甲扁平，棕黄色或褐色，边缘锯齿状，中央嵴棱明显，稚龟两侧具侧棱。腹甲黄色，盾片外侧具黑斑。腹甲前缘上翘，后缘缺刻较深。甲桥明显，背甲与腹甲借韧带相连。黄喉拟水龟四肢背面灰褐色，腹面淡黄色，指、趾间具蹼，末端具爪。尾细短。

◆ 生活习性

黄喉拟水龟为半水栖龟类。栖息于河流、稻田、湖泊，常到附近灌木及草丛中活动。每年 11 月中旬至翌年 3 月底为其冬眠期。黄喉拟水龟杂食性，以动物性食物为主，人工养殖条件下尤喜食鲜肉类；也食水生植物。黄喉拟水龟个体间生长差异大，体重 50 克以下时生长缓慢，50 克以上增重明显。人工饲养下，性成熟需 5 ～ 6 年。繁殖期为每年 5 ～ 10 月，产卵高峰期在 5 ～ 6 月。黄喉拟水龟繁殖力较低，窝卵数 1 ～ 7 枚，平均 2.5 枚。黄喉拟水龟卵壳灰白色，长椭圆形；适宜孵化温度为

26 ~ 29℃，29℃ 为性别决定临界温度，超过 33℃ 则影响胚胎发育；孵化时间约 73 天。

◆ 养殖概况

黄喉拟水龟背甲富含胶质，可人工接种藻类生成"绿毛龟"供观赏。黄喉拟水龟肉可食用，有滋补功效。20 世纪 90 年代已开展人工养殖，在中国华南地区发展迅速，已形成规模化产业。该龟市场需求量较大，对环境要求宽松，繁养技术容易掌握，人工养殖具有较好市场前景。

长颈龟

长颈龟是动物界龟鳖目蛇颈龟科长颈龟属的一种。别称东澳长颈龟、蛇颈龟。

◆ 地理分布

长颈龟分布于澳大利亚东南部地区。

◆ 形态特征

长颈龟体较小，一般甲长 15 ~ 25 厘米。长颈龟体色变异较大，背部通常为棕色、暗棕色或黑色，腹部黄白色，背甲外缘与腹甲的鳞缝为黑色，且较粗，眼虹膜鲜黄色。头小，头背平。长颈龟颈长于脊柱其余部分，上面布满结节；颈可在肱前的背腹甲之间水平弯曲。鼻位于吻端。眼侧位。背甲后部宽圆而微尖。腹甲前部宽圆，后缘有深缺刻。喉间盾大，在喉盾之后、两肱盾之间，并将胸盾局部分隔。长颈龟四肢具蹼，指（趾）具 4 爪。

◆ **生活习性**

长颈龟栖息于水流平缓的河流、淡水湖泊、湿地。长颈龟食性广泛，包括浮游生物、鱼虾类、底栖生物大形无脊椎动物、腐肉，以及部分落入水中的陆生动物。长颈龟白天活动，性温顺，人们喜欢驯养。长颈龟寿命可达 37 年以上。具有长距离迁移的习性。天敌为狐狸等食肉动物。

长颈龟性成熟晚，雄性 7 ～ 8 年，雌性 10 ～ 12 年，秋季交配，春夏季产卵，初夏在岸边挖穴产卵，每次产约 12 枚卵，每年可产卵 3 次。长颈龟卵长形，壳易碎。

◆ **价值**

长颈龟具观赏价值，可用于宠物贸易。

◆ **面临威胁**

长颈龟尚未评估濒危等级，但道路、杀虫剂、栖息地破坏、气候变化等会对某些种群构成威胁。

凹甲陆龟

凹甲陆龟是动物界龟鳖目陆龟科缅甸陆龟属的一种。别称麒麟龟。凹甲陆龟在中国分布于云南；在国外分布于柬埔寨、老挝、缅甸、泰国、越南及马来西亚。

◆ **形态特征**

凹甲陆龟背甲长可达 27 厘米；前额鳞 2 枚，顶鳞 1 枚；背甲的前后缘呈强烈锯齿状，中央凹陷，臀盾 2 枚。凹甲陆龟背甲绿褐色至黄褐色，椎盾及肋盾边缘黑褐色；腹甲黄褐色，缀有暗黑色斑块或放射状纹。

凹甲陆龟四肢粗壮，圆柱形，有爪无蹼。

◆ **生活习性**

凹甲陆龟栖息于热带、亚热带高山森林地区。以菌类、野果等为实，人工饲养条件下采食蔬菜、瓜果类。凹甲陆龟为变温动物，喜暖怕寒。凹甲陆龟白天活动，夜间休息，冬季具有冬眠习性。凹甲陆龟天敌为野生食肉动物。

◆ **种群和保护**

凹甲陆龟可作为宠物及食物资源，具有观赏价值。栖息地破坏、过度猎捕、非法贸易对凹甲陆龟野生种群威胁较大，部分动物园、养殖场少量饲养，人工繁殖难度大。凹甲陆龟已被中国列为国家二级保护野生动物，被《中国

凹甲陆龟

生物多样性红色名录——脊椎动物卷（2020）》评估为极危（CR）物种；还被《濒危野生动植物种国际贸易公约》（CITES）列入附录二中。

眼斑水龟

眼斑水龟是动物界龟鳖目地龟科眼斑龟属的一种。别称眼斑龟、四眼龟。

◆ **地理分布**

眼斑水龟是中国特有种，主要分布于广东、广西、福建、安徽、贵州、江西及香港。

◆ **形态特征**

眼斑水龟背甲长可达 19 厘米左右，头背皮肤光滑，满布黑色细点，头顶后侧具 2 对色彩不同、分界不清晰的眼斑，颈部有多条黄色（雌）或红色（雄）条纹，雄性腹甲多有黑色小斑点，雌性多为大块黑斑。眼斑水龟背甲灰棕色，脊部具一纵棱；腹甲平坦，前缘平切，后缘略凹。眼斑水龟四肢灰棕色，前肢外侧具若干大鳞。眼斑水龟指（趾）间全蹼。

◆ **生活习性**

眼斑水龟栖息于水质清澈、水流较缓的山涧流溪或水潭中。眼斑水龟杂食性，喜食昆虫、小鱼虾、蚯蚓，以及植物的茎、叶、果实等。眼斑水龟为变温动物，气温低于 18℃ 时活动量减少，开始冬眠。眼斑水龟昼夜均有活动，通常趴在石头上晒太阳，具群居现象。天敌为野生肉食动物、蛇类、蚁类。病原生物为水蛭等。

除冬眠外，眼斑水龟在其他季节均有交配活动，冬眠后 1 个月交配较为频繁，4～7 月产卵。窝卵数为 1～3 枚，卵长椭圆形，长度 4 厘米左右，重量为 13 克左右。

◆ **价值**

眼斑水龟具有观赏价值，部分养殖场有饲养，也可作为药用及食用资源。

◆ **保护措施**

栖息地被破坏、过度猎捕、非法贸易对眼斑水龟野生种群威胁较大。

眼斑水龟已被《世界自然保护联盟濒危物种红色名录》列为濒危（EN）等级物种，被《濒危野生动植物种国际贸易公约》（CITES）列入附录二中。

玳　瑁

玳瑁是动物界龟鳖目海龟科玳瑁属的一种。别称十三鳞、瑁、文甲、瑇玳。

◆ 分布

玳瑁主要分布在热带的印度洋、太平洋和大西洋的海礁附近，已知两个大的种群分布于大西洋和印度洋—太平洋。

◆ 形态特征

通常所见的玳瑁壳长仅60厘米左右，重9～14千克。背甲共有13块，作覆瓦状排列，所以得名"十三鳞"。玳瑁有扁平的躯体、保护背甲，以及适于划水的桨状鳍足。成体甲壳为鲜艳的黄褐色，平滑有光泽。尾短，前后肢各具2爪。头、尾和四肢均可缩入壳内。玳瑁背甲和头顶鳞片为红棕色和黑色相间。颈及四肢背面为灰黑色，腹面几乎都为白色。

玳瑁背及腹部均有坚硬的鳞甲。头部具前颧鳞甲两对。鼻孔近于吻端。上须钩曲，嘴形似鹦鹉，颌缘锯齿状。玳瑁雄性体长相若，体形较大者可达1米，而体形最大者甚至可达1.7米。平均体重一般可达45～80千克，历史上捕获最重的玳瑁达210千克。玳瑁最明显的特点是其上颚钩曲尖锐，这也是其俗称之一——"鹰嘴海龟"得名的原因。玳瑁的头较长，前额具两对深红棕色或黑色鳞甲，鼻孔离嘴较近，吻侧内收扁平，前鳍足端各有2爪，后鳍足端各有1爪，前足大，较窄长。

背面鳞甲，早期呈覆瓦状排列，随年龄增长而变成平置排列，表面光泽，有褐色与浅黄色相间而成的花纹。中央为脊鳞甲 5 枚，两侧有肋鳞甲 4 对；缘鳞甲 25 枚，边缘呈锯齿状。腹面由 13 枚鳞甲组成，呈黄黑色。四肢均呈扁平叶状。前肢较大，具两爪，后肢有两爪。尾短小，通常不露出甲外。

◆ 生活习性

玳瑁主要以珊瑚礁为食，也捕食一些甲壳类、藻类和鱼类。玳瑁爬行是步态交替的，留在沙滩上的痕迹是不对称的。相比之下，绿海龟和棱皮龟的步态更为对称。玳瑁生命中的大部分时间都是独居的，它们相遇只是为了交配。玳瑁具有较强的迁徙能力，生活环境的范围较大，从开阔的海洋到咸水湖，甚至到港口的红树林地区。玳瑁的天敌为大型鱼类、鲨鱼、鳄鱼和章鱼。

◆ 繁殖

玳瑁每年交配两次，交配后雌性会在夜间游到沙滩上，用后肢清理出一片干净的场地并挖出一个用来产卵的巢穴，产完卵用沙子覆盖。每窝卵在 140 枚左右。经过数小时的产卵后，雌性个体将返回海洋。玳瑁生长到 20 年后才能达到性成熟。

◆ 价值

玳瑁角板可以入药，有清热解毒，镇心平肝的功效。主治热病发狂、谵语惊痫、小儿惊厥及痘毒发斑等症。

◆ 种群动态

《世界自然保护联盟濒危物种红色名录》（2008）、《中国生物多样性红色名录——脊椎动物卷（2020）》已将玳瑁列为极危（CR）种。中国《国家重点保护野生动物名录》已将玳瑁列为一级保护动物。玳瑁的爬行速度较慢，极易被人类捕杀，作为玳瑁巢穴区的沙滩也经常被破坏。玳瑁性成熟所需年限较长，繁殖率较低，因此种群数量极难恢复。

◆ **保护措施**

玳瑁种群保护的主要措施有：立法禁止人类对于玳瑁的捕杀，保护玳瑁现有的产卵巢穴区；增进玳瑁保护和研究的国际合作，在全球范围内对其进行保护和研究。

第 6 章

观赏海胆

观赏海胆是动物界棘皮动物门海胆亚门海胆纲一类生活在海洋浅水区的无脊椎动物。

海胆是生物科学史上最早被使用的模式生物，它的卵子和胚胎对早期发育生物学的发展具有举足轻重的作用。是地球上最长寿的海洋生物之一。

◆ 形态特征

观赏海胆胆体呈球形、盘形或心脏形，无腕。内骨骼互相愈合，形成一个坚固的壳，分3部：第一部最大，由20多行多角形骨板排列成10带区，5具管足的步带区和5个无管足的步带区相间排列，各骨板上均有疣突和可动的长棘；第二部称顶系，位反口面中央，由围肛部和5个生殖板及5个板眼组成；第三部为围口部，位口面，有5对口板，排列规则，各口板上有一管足，口周围有5队分支的鳃，为呼吸器官。观赏海胆多数种类口内具复杂的咀嚼器，由一系列骨板、齿及肌肉相连组成的方灯形结构，故称亚里士

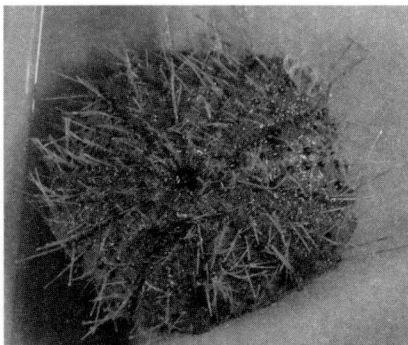

海胆

多德提灯，可切割及咀嚼食物。海胆一般都是较深色的，如有绿色、橄榄色、棕色、紫色及黑色。

◆ **种类**

常见的观赏海胆有长刺海胆、蓝礼服海胆等。

◆ **生活习性**

观赏海胆分布在世界各海洋，垂直分布在潮间带到水深 7000 米。观赏海胆栖息于岩石、珊瑚礁及各种海底，主要靠管足及刺运动，运动常与取食相关。平时多潜伏在缝隙或凹陷处。不规则海胆由于多在沙中穴居，主要靠刺在穴中或沙面移动。观赏海胆具有避光和昼伏夜出的特性。海胆的食粮十分广泛，与其所处环境有关，肉食性的会以海底的蠕虫、软体动物或其他棘皮动物为食粮，而草食性的主要食物是藻类；另外，亦有以有机物碎屑、动物尸体为食的海胆等。观赏海胆多为雌雄异体，精卵在水中受精；发育过程中经过海胆幼体，后变态为幼海胆，经 1～2 年性成熟。

第 7 章

观赏海星

观赏海星是动物界棘皮动物门海星纲具有观赏性的动物的统称。海星有较强的繁殖和再生能力。

◆ 形态

观赏海星体扁平，呈辐射对称，多呈星形。观赏海星通常有 5 个腕，个别种类腕数多达十余个。整个身体由许多钙质骨板借结缔组织结合而成，体表有凸出的棘、瘤或疣等附属物。管足 4 列，具吸盘，能捕猎及攀附爬行，大型海星有上千管足。口部在其身体下侧中部。观赏海星体形大小不一，小到 2.5 厘米、大到 90 厘米，体色各异且丰富。直径一般在 12 ～ 24 厘米，随种类变化可达 80 厘米。

海星

◆ 种类

常见的观赏海星有翻砂海星、蛇海星、海盘车、蓝海星、双星海星、小红海星、马代红海星、饼干海星、西非海星等。

◆ **生活习性**

观赏海星生活于世界各海域，一般营附着或底栖。观赏海星大多为肉食性动物，也有的为杂食性。摄食时利用腕上的吸盘捕猎，还有的利用纤毛过滤取食。大多数海星为雌雄异体，共有 10 个生殖腺，每个生殖腺由一丛葡萄状管组成。生殖腺雄性常白色，雌性多橙色，每个生殖腺有一个生殖孔位于反口面腕基部中央盘上。槭海星类每个腕有许多生殖腺，排列成行，生殖孔开口在口面。少数种类为雌雄同体，寿命可达 35 年。大部分的海星通过体外受精繁殖，不需要交配。

第 **8** 章

观赏珊瑚

　　观赏珊瑚是动物界腔肠动物门珊瑚虫纲的种类，约有 6500 种。观赏珊瑚分布很广，主要产于热带浅海水域。

◆ **形态**

　　观赏珊瑚是一种双胚层的动物，体壁包含内、外胚层以及二胚层间的中胶层。外胚层上有线体细胞和刺细胞，中胶层是一层胶状物质，含有由外胚层细胞分化成的变形细胞，内胚层的细胞中存在着共生藻，刺丝胞则只见于一些部位。珊瑚虫的构造分成珊瑚虫、共肉组织以及群体骨骼 3 个部分。观赏珊瑚主要来自八放珊瑚亚纲和六放珊瑚亚纲：①八放珊瑚亚纲。珊瑚虫有八枚羽状触手，8 枚完整的隔膜，1 条管沟，群体有内骨骼。在分类上又分为走根珊瑚目、长轴珊瑚目、

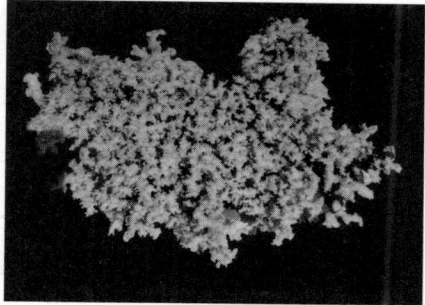

叶形笠珊瑚 1

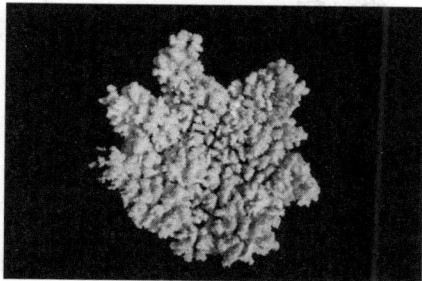

叶形笠珊瑚 2

海鸡头目、共鞘目、角珊瑚目、海笔目。②六放珊瑚亚纲。珊瑚虫触手简单，数目呈6或6的倍数，少有分枝，隔膜复杂，骨骼如具有时也绝非分散的针骨。包括海葵目、石珊瑚目、类珊瑚目、黑珊瑚目、花巾著目及砂巾著目等。

◆ 种类

水族业者又把珊瑚分为硬珊瑚和软珊瑚。①硬珊瑚。具有碳酸钙骨骼。分类上大多属于六放珊瑚亚纲的石珊瑚目，小部分属于六放珊瑚亚纲的黑珊瑚目，还有八放珊瑚亚纲的匍根目和共鞘目，以及水螅虫纲的千孔珊瑚目、鱼柱星珊瑚目。此些硬珊瑚绝大部分都是造礁珊瑚，在海底生态上占有极重要的地位。②软珊瑚。软珊瑚不分泌大量的碳酸钙，但大部分个体都有钙质骨针以支持身体。这类软珊瑚全部属八放珊瑚亚纲，最具代表性的种类是海鸡头目。它有丰富的共肉组织，柔软而富弹性。它们往往覆盖了大部分的造礁表面，而形成了特殊的软珊瑚体。

◆ 生活习性

观赏珊瑚多数种类营固着生活，宜饲养在相对密度为 1.022 ～ 1.023 的海水中，水温要求为 23 ～ 28℃。珊瑚体内有单细胞藻类共生的现象，共生的藻类有两种，即绿藻门的管藻类及双鞭毛藻门的虫黄藻类。观赏珊瑚为动物食性，喜食浮游动物，水族箱中也通常可以投喂丰年虾、软体流质专用饲料、冰冻饵料等。

◆ 繁殖特性

珊瑚既可有性繁殖，也可无性繁殖。珊瑚的有性繁殖具有繁殖力强、遗传多样性高及不损伤母体珊瑚等优点，主要是在天然珊瑚礁中出现大量排卵时人工收集受精卵细胞，然后将受精卵细胞转移至受控培养体系中进行发育学研究，如荷兰鹿特丹市动物园、新西兰和德国的杜伊斯堡－埃森大学等多个公共水族馆和研究机构于2001年开始了珊瑚有性繁殖项目。

　　珊瑚的无性繁殖可分为出芽生殖、断裂生殖、再生生殖、脱出生殖等多种方式。①出芽生殖。多种珊瑚（如香菇海葵、象耳海葵及海鸡头目等）都会发生出芽生殖。出芽生殖由口部外侧四周的组织向外凸出，逐渐形成小珊瑚虫体，当小珊瑚虫体成形后，就会与亲体中断。海鸡头目的软珊瑚进行出芽生殖时，各虫体间并未完全中断独立成小个体，反而共同形成一个与内胚层、中胶层及皮层均相连接的群体。②断裂生殖。有些珊瑚特别是枝状珊瑚，当受到生物侵蚀或伤害时，会产生断裂生殖。断裂生殖也可以在非外力影响下主动发生，例如：它们从中央口部开始纵裂，形成两个群体，或是共肉组织逐渐变细、变长，最后断裂成两个群体。断裂生殖的存活率与断枝大小有关，通常10厘米以下的断枝存活率较低。③脱出生殖。如尖枝裂孔珊瑚进行脱出生殖时，共肉组织会分离，珊瑚体上的触手收缩入胃水管腔而成浮囊幼虫状，借水流漂移至新环境重新附着后，伸出触手而形成新个体。

八放珊瑚亚纲

八放珊瑚亚纲是动物界腔肠动物门珊瑚虫纲的一亚纲。

◆ 分类

　　八放珊瑚亚纲在全球约有46个科340个属，超过3200个种，最大栖息深度达8610米，包括苍珊瑚目、软珊瑚目和海鳃目。海鳃目（海笔）

和苍珊瑚目（苍珊瑚）自 20 世纪早期以来就被认为是不同的目。海笔独特的群体构造——1 个轴向水螅虫分化成邻近的（近侧的）柄和 1 个末端的羽轴——将此目统一起来并与其他八放珊瑚区别开来。同样的，苍珊瑚（仅含 2 科 3 属 6 种）是唯一产生霰石结晶骨骼的八放珊瑚，与六放珊瑚的石珊瑚目为趋同特征，但将八放珊瑚的大部分种类（软珊瑚和柳珊瑚）进行高阶元分类仍存在问题，过去将其分为少到 2 个目多到 6 个目。历史上，反映在 20 世纪中后期最多的无脊椎动物学教科书中，广为接受的分类系统是英国动物学家 S.J. 希克森于 1930 年提出的。他将软珊瑚和柳珊瑚分为 4 个目：软珊瑚目、柳珊瑚目、根枝珊瑚目和石花虫目，由群体结构类型区分。认识到这些类群相互交织而无明显的结构区分，于是美国动物学家 F.M. 拜尔于 1981 年将其合并为 1 个目——软珊瑚目，下设 5 个亚目：原软珊瑚亚目、根枝软珊瑚亚目、软珊瑚亚目、硬轴柳珊瑚亚目和全轴柳珊瑚亚目。后来，又分出钙轴柳珊瑚亚目。上述结论为近代分类学家所接受。然而，这一庞大而形态多样的目不能用任何独征来予以定义。

珊瑚虫形态的同一性与分子数据都支持八放珊瑚为一单系，但对八放珊瑚内部关系的解释则不尽相同，分类学家对此类群各高级单元之间的关系仍少有共识。

◆ **形态特征**

恒定特征为珊瑚虫有 8 个触手和 8 个隔膜，故名八放珊瑚。触手中存在横向伸展的小羽片也是其特征之一，但该特征在一些类群中并不存在。水螅体为八辐对称，趋向两侧对称，都有 8 个羽状触手，触手内部中空，与消化循环腔相通。腔内有 8 个完全隔膜，其中背面的 1 对最发达。口道只有一个口道沟，口道沟所在的一面称为腹面。某些八放珊瑚（特别是海鳃类）的水螅体有营养体和管状体两态现象，营养体的口道沟可能退化或缺如，但形态与上述水螅体同，司摄食功能；管状体没有触手，个体小，司水流作用。

除在新西兰记录的奇异泰谷软珊瑚外，其他所有八放珊瑚都为群体，形态多样，通常为叶状、分枝状、树状、笔形。群体的所有水螅体都不直接相连，而是通过共同的中胶层（共肉或共质轴）的管系相连接。新生的水螅体也由此长出，它们一般只有口端（珊瑚冠）能从共肉中伸出表面，其余大部分都嵌在共肉中，由管系连接起来，但在最简单的群体种类中，仅水螅体基部（匍匐根）由管系连接。群体的体内有钙质或角质骨针形成的骨骼，骨骼的形状随类群而异。

◆ 生活史特征

八放珊瑚亚纲雌雄同体或雌雄异体。生殖腺除不见于两个反口道沟隔膜上外，在其他隔膜上均能发育。性成熟时生殖腺在隔膜上膨大。在雌性群体中，生殖腺的膨大使卵为内胚层所覆盖。性细胞排入海水中或体内受精，一直发育到浮浪幼虫阶段才排出体外。除有性生殖外，还经常通过出芽方式进行无性生殖。

软珊瑚

软珊瑚是动物界腔肠动物门珊瑚虫纲八放珊瑚亚纲中一类珊瑚。软珊瑚不分泌大量碳酸钙，但大部分个体都有钙质骨针以支持身体，大部分生活在热带和亚热带浅海区。

软珊瑚有 1000 余种，最具代表性的是海鸡头目的珊瑚种，具有丰富的共肉组织，柔软而富弹性。它们往往覆盖了大部分的造礁表面，而形成了特殊的软珊瑚体。主要代表种类有：①柔指软珊瑚。分布在南至澳大利亚，北至琉球群岛的西太平洋 5 ～ 20 米的暖水区域。珊瑚群体有许多细长的枝条，随海流而摆动。群体只具一种形态的珊瑚虫，指状突起的尖端不具骨针，愈近基部骨针越大。适宜温度 20 ～ 21℃。适宜光照 5000 ～ 40000 勒克斯。②冠指软珊瑚。分布于越南、中国台湾南部海域。珊瑚体具明显的柱部，可高达 30 厘米，冠部有许多长突起，群体的珊瑚虫未分化，表层的骨针为棍棒形，内层骨针为纺锤形。适宜温度 20 ～ 21℃。适宜光照 1 万 ～ 3 万勒克斯。③叉状软珊瑚。分布于红海、印度洋及太平洋水深 5 ～ 20 米的海域。群体头冠部扁平，有少数指状突起，群体为黄绿色或褐色，珊瑚虫为白色或淡黄色。适宜温度 16 ～ 22℃。光照 5000 ～ 40000 勒克斯。

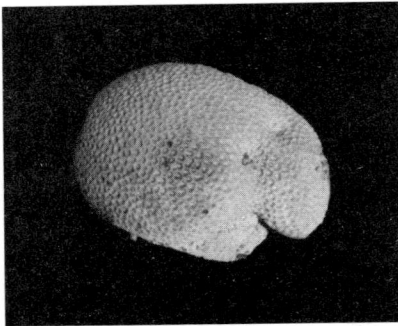

冠指软珊瑚

软珊瑚生活水体的适宜 pH 为 8.0 ～ 8.4。软珊瑚为无性出芽生殖，以浮游生物为食，在水族箱中可喂以人工丰年虾、水母液体饲料。最容易增殖的软珊瑚有叶形软珊瑚、肉质软珊瑚、棍状软珊瑚、伞状软珊瑚等种类，但仍有特定种类未突破增殖的难关。

六放珊瑚亚纲

六放珊瑚亚纲是动物界腔肠动物门珊瑚虫纲的一亚纲。珊瑚虫触手、隔膜和隔片的数目大都是 6 或 6 的倍数（少数种类为 8 或 10 的倍数），故此得名。

◆ 起源

关于六放珊瑚的起源，有人主张是由三叠纪已绝灭的四放珊瑚演化而来的，然而没有找到直接的化石证据；也有人认为四放珊瑚与六放珊瑚同源，只是在演化过程中向不同方向发展而已。

◆ 分类

六放珊瑚亚纲包括角海葵亚纲、海葵目、群体海葵目、黑珊瑚目、珊瑚葵目和石珊瑚目，共约 3100 种。

◆ 形态特征

六放珊瑚亚纲的珊瑚虫形态基本相似，均具有部分辐射对称性，有口、口道、消化循环腔，而且都具螺旋囊。不同的只是石珊瑚目由外胚层的生钙细胞层分泌碳酸钙，形成石灰质外骨骼，黑珊瑚目由分泌角质形成坚硬的骨骼，海葵目无骨骼。石珊瑚目和海葵目的珊瑚虫触手受到刺激或离水时收缩，黑珊瑚目的触手不收缩。

◆ 分布

从浅水到深水都有海葵目和黑珊瑚目动物分布。石珊瑚目可分为两个生态类群：一类只分布在浅水及暖水中，而且有一种单细胞双鞭毛藻（又称虫黄藻）与其共生。它们往往是重要的造礁生物，所以称为造礁石珊瑚；另一类分布在深水及冷水中，没有双鞭毛藻共生，称非造礁石珊瑚。从南北极到赤道，由浅海至6000多米的深海，都有它们的踪迹。造礁石珊瑚在生物地理上又可分为两个类群：一是印度洋—太平洋珊瑚区系，有1000余种石珊瑚；二是大西洋珊瑚区系，约有68种。这两个截然不同的区系是巴拿马地峡阻隔两洋所造成的。大多数分子系统学分析支持六放珊瑚各目为单系群，但它们之间的亲缘关系尚未被澄清。

硬珊瑚

硬珊瑚是动物界腔肠动物门珊瑚虫纲中的一类珊瑚。

硬珊瑚分类上大多属于六放珊瑚亚纲的石珊瑚目，小部分属于六放珊瑚亚纲的黑珊瑚目，还有八放珊瑚亚纲的走根珊瑚目和共鞘目，以及水螅虫纲的千孔珊瑚目与柱星珊瑚目。

硬珊瑚具有碳酸钙骨骼，大部分分布于浅海水域。这些硬珊瑚绝大部分都是造礁珊瑚，在海底生态上占有重要地位。硬珊瑚只要状态良好，将其分枝切下，利用市售的专用胶固定在珊瑚石上数月到一年就会看到它们成长，被切除的部分很快就会恢复，因此很多种类都可以尝试增殖。

已增殖成功的硬珊瑚有叉角轴孔珊瑚、黍轴孔珊瑚、美丽轴孔珊瑚、颗粒轴孔珊瑚、趾轴孔珊瑚、巨锥轴孔珊瑚、花托轴孔珊瑚、千孔轴孔珊瑚、高贵轴孔珊瑚、细枝轴孔珊瑚、深水轴孔珊瑚、半深水鹿角珊瑚、穗枝轴孔珊瑚、叶表孔珊瑚、瘿叶表孔珊瑚（灵芝）、叶形表孔珊瑚、疣鹿角珊瑚、尖枝裂孔珊瑚、环形柱珊瑚和萼形柱珊瑚（姜珊瑚）等。

第9章

观赏海葵

　　观赏海葵是动物界刺胞动物门珊瑚纲海葵目一些具有观赏价值的海葵种类。海葵被称为海底的"花朵"，有着像"花瓣"一般舒展的触须，故又被命名为海底菊。

　　海葵分布广泛，从潮间带到深渊海底、从热带水域到两极海域的多种海洋环境中（包括海底热液和冷泉）都有它们的踪迹，且在一些海域中观赏海葵的生物量很大，为优势种。

　　观赏海葵的大小从几毫米到一米，已知最大的海葵是分布在东太平洋的达芙妮漂浮海葵，该种海葵柱体直径达 0.25 ～ 1 米。观赏海葵种类很多，常见的有奶嘴海葵、地毯海葵、公主海葵、紫点海葵等，其颜色也多种多样，有粉色、黄色、绿色、蓝色、白色等。

　　观赏海葵由基盘、柱形身体和带触手的口盘组成，基盘可以让它附着到一些岩石或动物上生存，常与小丑鱼、寄居蟹共生；而也有部分没有固定基盘的海葵，则会把自己埋在泥沙当中。上端

海葵

的口部和周围的触手则让海葵能在海洋中摄食，也能让它更好地保护自身。

观赏海葵的食性很杂，食物包括软体动物、甲壳类和其他无脊椎动物甚至鱼类等。这些动物被海葵的刺丝麻痹之后，由触手捕捉后送入口中，在消化腔中由分泌的消化酶进行消化，养料由消化腔中的内胚层细胞吸收，不能消化的食物残渣从口排出。

海葵为雌雄同体或雌雄异体。在雌雄同体的种类中，雄性先熟。多数海葵的精子和卵子是在海水中受精，发育成浮浪幼虫；少数海葵幼体在母体内发育。有些种类通过无性生殖，由亲体分裂为两个个体；还有些种类是在基盘上出芽，然后发育出新的海葵。

第10章

观赏水母

观赏水母是动物界刺胞动物门钵水母纲或指立方水母纲的种类，已知道的约有 200 种。

水母是一种非常漂亮的水生动物，它的身体外形就像一把透明伞，伞状体的直径有大有小，大水母的伞状体直径可达 2 米。伞状体边缘长有一些须状的触手，有的触手可长达 20 ～ 30 米。

水母中主要观赏种类有：①天草水母。最大直径可达 9 厘米，分布在印度洋和北大西洋水母部分海域，捕食浮游生物和其他水母，人工养殖条件下主要以丰年虾、水母专用饲料和海月水母为食。②霞水母。最大的伞膜直径可达 2.28 米，触手长达 36.5 米，是世界上已知最大的水母。③僧帽水母。是管水母中的一种，终身群居的一类浮游腔肠动物。因为僧帽水母的顶囊像一顶僧帽，故名。它是世界上最大的水螅水母，也是世界上的毒水母之一，绰号为"葡萄牙战舰"。④澳大利亚箱形水母。箱形水母因形状像箱子而得名，其毒性强，身上的毒足够毒死 60 个人。箱型水母在水中呈现半透明状态，人类很难察觉。为避免暴风雨的袭击，它们会撤退到海底栖息。⑤桃花水母。通称桃花鱼、降落伞鱼。水螅水母，体透明，微带乳白，拇指般大小，对生存环境有极高的要求，水质不能有任何污染，活体罕见，极难制成标本，已被列为极危生物，更有"水中大熊猫"之称。

◆ 生活习性

水母虽然长相美丽温顺，其实十分凶猛。在伞状体的下面，那些细长的触手是其消化器官，也是其武器。在触手的上面布满了刺细胞，像毒丝一样，能够射出毒液，猎物被刺螫以后，会迅速麻痹而死。触手就将这些猎物紧紧抓住，缩回来，用伞状体下面的息肉吸住，每一个息肉都能够分泌出酵素，迅速将猎物体内的蛋白质分解。因为水母没有呼吸器官与循环系统，只有原始的消化器官，所以捕获的食物立即在水母腔肠内消化吸收。水母虽然是低等的腔肠动物，但可三代同堂。水母生出小水母，小水母虽能独立生存，但亲子之间似乎感情深厚，不忍分离，因此小水母都依附在水母身体上。不久之后，小水母生出孙子辈的水母，依然紧密联系在一起。

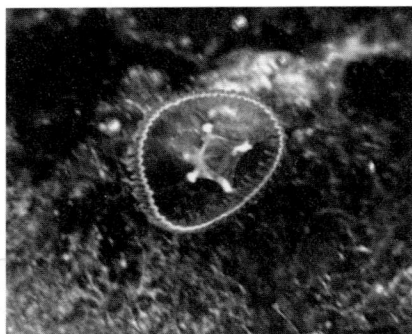

桃花水母

◆ 价值

水母具有发光这一特殊的生理特征,这使其具备了独特的生物价值。①水母灯具。美国用自然死亡的水母尸体和树脂，制作出能够在夜间发光的灯具，已推向市场。②机械水母。美国弗吉尼亚理工大学工程师约纳斯·塔德塞（Yonas Tadesse）等人发明了一种氢气动力水母机器人——机械水母，这种机器人在水中可以像真正的水母一样游动。

第11章
观赏水生哺乳类

瓶鼻海豚

瓶鼻海豚是动物界脊索动物门哺乳纲鲸偶蹄目海豚科的一种。

◆ 地理分布

瓶鼻海豚广泛分布于太平洋、印度洋和大西洋的温带和热带海域。瓶鼻海豚在中国分布于东海、南海和西太平洋，为国家二级保护野生动物。

瓶鼻海豚

◆ 形态特征

瓶鼻海豚体中等大小，体长 1.9～4.3 米。雌性最大体重 260 千克，雄性最大体重 650 千克。瓶鼻海豚喙短而结实，呈瓶状。喙与额隆间有一条明显的凹痕。背鳍高而呈镰刀形，位近体背中部。体背及体侧的颜色从浅灰色至几乎黑色不等。腹面白色，有时带有粉红色。从眼至鳍肢有一暗色条纹。瓶鼻海豚在体表尤其是脸部以及自额隆前端至呼吸孔通常有灰色刷斑。上颌、下颌每侧具 18～26 枚齿。

◆ 生活习性

瓶鼻海豚主要生活在暖温带和热带沿岸，也发现于远洋深海海域以及海洋岛屿附近。属于分离－融合的社会结构，常有个体根据捕食、避敌、交配等情况加入或离开。瓶鼻海豚群的大小为 2～15 头不等。潜水时间相对较短，常作跃水、探头、拍尾等空中行为。有船舶驶过时常乘浪。瓶鼻海豚摄食多种多样集群的或非集群的鱼类。

瓶鼻海豚雌性每 2～6 年产 1 仔，妊娠期 10～12 个月。每胎产 1 仔，初生体长 0.8～1.4 米。瓶鼻海豚估计寿命为 50 年或更长。

◆ 种群动态

瓶鼻海豚常在海洋公园和水族馆表演，是大众熟悉的鲸类之一，被活捕用于表演、科学研究或军事活动。对瓶鼻海豚的威胁主要是栖息地的退化和消失、直接捕捉、渔业误捕和环境污染。然而作为一个物种，瓶鼻海豚的状况是良好的。

印太瓶鼻海豚

印太瓶鼻海豚是动物界脊索动物门哺乳纲鲸偶蹄目海豚科的一种。

◆ 地理分布

印太瓶鼻海豚分布于西太平洋和印度洋暖温带和热带。在中国，印太瓶鼻海豚分布于东海、南海和西太平洋，为国家二级保护野生动物。

◆ 形态特征

印太瓶鼻海豚体形与瓶鼻海豚相似，但个体较小。体长 1.8～2.5 米，最大体重 200 千克。短而结实的喙相对比瓶鼻海豚的细长。印太瓶鼻海豚体背面暗灰色。背鳍三角形或镰刀形。背鳍、鳍肢和尾叶与瓶鼻海豚相比较大和较宽。印太瓶鼻海豚体腹面浅灰色。一些种群的成体在腹面散布着暗色斑点。上颌、下颌每侧具 23 ～ 29 枚齿。

◆ **生活习性**

印太瓶鼻海豚主要生活在大陆架的近岸海域，喜欢大陆架近岸有岩石、珊瑚礁或沙滩的水域。可在水深超过 200 米的海域发现，但更多见于水深小于 100 米的海域。属于分离－融合的社会结构，群成员每日每时都在发生改变。印太瓶鼻海豚群的大小为 1 ～ 15 头。食物包括鱼类和头足类，单独或合作觅食。

印太瓶鼻海豚雌性在 12 ～ 15 岁，雄性在 10 ～ 15 岁达性成熟。交配季节与最高水温月份一致，妊娠期 12 个月，育仔持续 3 ～ 5 年，产仔间隔 3 ～ 6 年。印太瓶鼻海豚估计寿命为 40 岁。

◆ **种群动态**

印太瓶鼻海豚常被活捕用于表演、科学研究或军事活动。对印太瓶鼻海豚的威胁主要是海岸沿线开发导致的栖息地的退化和消失、渔业误捕和环境污染。

海 狮

海狮是动物界脊索动物门哺乳纲食肉目海豹总科海狮科动物的统称。海狮有 7 属 16 种，中国有 2 属 2 种，即北海狮和北海狗。

北海狮体形大而强壮有力，成年雄性体长约 3.1 米，雌性 2.28 米。头和嘴吻粗大而宽阔，眼和耳郭相对较小。成体的触须可以很长。繁殖期的壮年公兽的颈和肩非常强壮并具长的枪毛形成的鬃。前、后鳍肢很长且比一般的海狮类宽。前鳍肢裸露，其顶面局部有黑色短毛。后鳍肢各趾的长度不等，蹄趾的长和宽大于第 2 ～ 4 趾。海狮成体的体上面淡黄色至红褐色，胸部、腹部和鳍肢黑褐色至黑色。从加利福尼亚南部至日本环北太平洋分布，北至白令海，主要见于海岸至外大陆架之间。在非繁殖季节，有些北海狮散布到远处，少数个体达到中国辽宁大连和江苏连云港。海狮食多种鱼和乌贼，尤其偏爱底栖种类。成年雌性夏季最大潜水深度为 100 ～ 250 米，冬季超过 250 米。

海狮雌性在 3 ～ 8 龄时性成熟，雄性在 3 ～ 7 龄时性成熟。它们的繁殖是一雄多雌的，雄海狮建立领地，通过行为和叫声保护其领地，把成群的雌海狮保持在它们的周围。子兽在 5 月中旬至 7 月中旬出生。出生时平均体长约 1 米，体被厚的黑褐色胎毛，在约 6 月龄时脱换。1994年调查全世界的北海狮约 10 万头。

加州海狮生活在东北太平洋美国加利福尼亚州和墨西哥加利福尼亚州湾沿岸，是海洋公园海狮表演中用得最多的一种海狮。

海　象

海象是动物界脊索动物门哺乳纲食肉目鳍足类海象科海象属的唯一现生种。

◆ 地理分布

海象主要分布在北太平洋的白令海、楚科奇海，北大西洋的格陵兰、加拿大东部等海域。

◆ 形态特征

海象是体形最大的鳍足类。雄性平均体长 3.2 米，雌性 2.7 米。吻宽，鼻扁。2 枚上门齿扩大成巨大的、终身生长的獠牙，生长通常被齿的磨蚀所持平。海象上唇有数百条透明黄色的触须。眼相对较小，能凸出和缩回。无耳郭。海象刚离水身体潮湿时，体浅灰色；干燥时体黄褐色。四肢无毛。有时另有一些很小或未萌出的齿。2 枚上门齿扩大为獠牙。海象雄性的獠牙比雌性的粗大，颈部皮肤比雌性的厚并覆盖一层纤维质的结节。结节的厚度比周围皮肤大 1 厘米，可防御其他雄性个体獠牙的袭击。

◆ 生活习性

海象主要以底栖无脊椎动物为食，吃得最多的是埋在海底沉积层中的双壳类软体动物。它们潜水在海底觅食，找到后吸食双壳类动物的软体，将壳丢弃。成体每日需食双壳类的软体约 25 千克。每次潜水最长时间可达 24 分钟。雌性在 7 龄开始排卵，9 龄时首次产子。雄性在 7 ～ 10 龄开始性成熟，但至 15 龄才达到体成熟和社会成熟。一雄多雌繁殖。妊娠期 15 个月。初生子兽体长 1.5 米，重 60 千克。吸乳期约一年。全世界现有海象数量在 20 万头以上。

第12章

观赏海藻

观赏海藻是原生生物界蓝藻门、裸藻门、甲藻门、金藻门、黄藻门、硅藻门、绿藻门、红藻门、褐藻门等中具有观赏性的海藻。海藻是一类比较原始、古老的营光能自养型生物，具有叶绿素，能进行光合作用，是无根茎叶分化、无维管束、无胚的叶状体生物，又称原植体，一般生长在水体中。

◆ **形态和种类**

在观赏海藻中，常见的观赏褐藻包括大型褐藻、马尾藻和墨角藻属，太平洋及南极地区的巨藻属和海囊藻属。常见的观赏红藻包括掌状红皮藻、石花菜属、角叉菜属，北大西洋的掌状红皮藻呈淡紫红色，由扁平的单生或丛生的叶状体构成，外表扇状，分成多数二叉型裂片。最常见的大型观赏海藻是海草，其根状固着器只有固着功能，不能吸收营养。

观赏海藻的主要品种有红葡萄藻、绿葡萄藻、总状蕨藻、加勒比红气泡藻、大羽毛藻、石花藻、仙掌藻、巢沙菜、锡兰海膜、角叉菜、石莼、红松藻、粉红柱状乳节藻、红牡丹藻等，其中大多数观赏海藻属于底栖海藻。

◆ **生长习性**

观赏海藻多生长在低潮线以下的浅海区域——海洋与陆地交接处，

那里海浪的冲击力比较缓和，海水中含有丰富的矿物质，加上阳光充足，无论是红藻或褐藻，虽然颜色不同，但它们均含有叶绿素，可以进行光合作用满足自身需求，它们进行光合作用所释放出来的氧气，更是动物们呼吸所不可缺少的。

每一种观赏海藻都有其固定的潮位，主要与所含色素的种类和含量比例有关，不同色素所需的光线波长不同，随着光线强度及光质的变化，藻类的分布也受影响。一般在较阴暗处或深海中，藻红素与藻蓝素比叶绿素更能有效地吸收蓝、绿光，故只含叶绿素及胡萝卜素的绿藻，其栖息地多靠近水浅之处。而低潮线附近及深海部分则多为红藻类。此外，地形、底质、温度、湿度、盐度、潮汐、风浪、洋流、污染物、动物掘食、藻类间的相互竞争等因素，也都会影响海藻的生长与分布。

在海藻的一生中，无性生殖与有性生殖常有规则地交替进行，形成复杂的生活史。一些海藻的生活史具有孢子体及配子体不同生长形态，其孢子体行无性生殖产生孢子，配子体则产生雌、雄配子，行有性生殖，这种不同生活形态交替进行的生活史称为"世代交替"。

马尾藻

马尾藻是藻类植物褐藻门褐藻纲墨角藻目马尾藻科的一属。马尾藻属广布于全球海洋，在中国分布于沿海潮间带和/或潮下带岩石或其他附着基质上或漂浮生长。

马尾藻藻体长 10 ～ 200 厘米，分为固着器、主干、分枝、藻叶、气囊和生殖托等部分。固着器呈盘状、圆锥状、瘤状和假根状等。主干为圆柱形或扁压，分叉或不分叉。马尾藻分枝的形态多样，多数为圆柱形，扁压、扁平或棱形等，从主干上部向四周辐射长出，少数种类也有向两侧羽状分枝的。藻叶扁平或棍棒状，形态变异较大。马尾藻气囊可以帮助藻体浮起直立，以接受阳光进行光合作用。次生分枝、气囊与生殖托都从叶腋处长出，生殖托呈纺锤形、圆锥形、三角形或棱形，表面光滑或有刺。每个卵囊内只形成 1～2 个卵。

马尾藻属共有 360 多种，均为海产，模式种为 *Sargassum bacciferum*。中国有 130 余种。马尾藻属是具有重要经济价值的类群，其中许多物种，如羊栖菜、鼠尾藻和海蒿子等是重要的经济种类，它们是褐藻胶的主要来源之一，可作为食品、工业原料等。

墨角藻

墨角藻是藻类植物褐藻门褐藻纲马尾藻目的一科。墨角藻在全球均有分布，大多数生长于北半球温带至寒温带；在中国，主要分布于山东半岛和辽东半岛沿海。

墨角藻藻体多年生，直立部分二叉分枝，中轴扁压，中肋扁平，带状，或有或无。有或无气囊。墨角藻藻体只有双相的孢子体，成熟时，经过减数分裂直接产生精子和卵，因而生活史中没有独立的配子体阶段。墨角藻精子囊和卵囊生长在藻体顶端膨大的生殖托的生殖窝里。成熟时，精子囊一般产生 64 或 128 个精子，精子具有 2 根不等长的侧生鞭毛；每个卵囊产生 1～8 个卵，卵球形，无鞭毛，成熟时排出体外。墨角藻受精作用在体外进行，合子萌发即成为习见的藻体。

墨角藻科有6属，70余种。中国有1属，1种。本科的藻体比较大，具有一定的经济价值，如鹿角菜可食用。

巨藻属

巨藻属是藻类植物褐藻门褐藻纲海带目海带科的一属。巨藻属分布于北美太平洋及环亚南极沿海。

巨藻属藻类藻体大，长可达数十米，甚至100米，生长周期常达4～8年。固着器呈圆锥状，向下产生圆柱状分枝的附着器，向上产生几个中央直立柄，或固着器匍匐、亚舌状、分枝且边缘具有短的附着器。巨藻属藻类柄的数量多，直立，圆柱状，在近基部二歧分枝2～6次。每个柄分枝后再产生1个藻体，该藻体包含1个柄、附生叶片及1个具分生组织的顶生叶片。顶生叶片镰状，过渡区域分裂单向向下产生几个幼侧叶片。柄上叶片数量多，具有一个短柄和一个梨形至近球形且包埋在未分离薄片层中的气囊，有规则地间隔排列；薄片层由窄到宽，两端渐尖，光滑到具皱，边缘具小齿。巨藻属藻类孢子叶位于固着器附近的柄上，二歧分裂数次，具气囊或否，孢子囊覆盖在孢子叶两侧的大部分叶面上，在孢子叶上具侧丝的单室孢子囊中产生孢子。巨藻属藻类雌雄配子体异型，雌雄异株，卵配生殖，为分枝的单列丝状体。

本属仅有1种，即巨藻，均为海产。中国未见报道。本属是北美太平洋沿岸重要的经济种类，可应用于食品、饵料、饲料、工农业原料等许多行业。

第13章

观赏水草

观赏水草是在自然环境中生长、发育或经人工采集、栽培及选育的具有一定观赏性的一类水生植物。

观赏水草主要应用于水族箱的造景与欣赏，并以此来表现水族箱的自然美、生态美。观赏水草品种繁多，在世界范围内，可应用于水族箱培植的水草种类已达 500 多种。

◆ 形态与种类

根据生长形态与水的关系分类。依水草的生长形态以及和水的关系，观赏水草是分为沉水性水草、浮叶性水草、浮水性水草、挺水性水草和中间性水草。沉水性水草指整株植物体都生长在水中的水草，如金鱼草；浮叶性水草指根生于水底、叶浮在水面上的水草，如香蕉草；浮水性水草指不在水底扎根、根部垂直于水中的水草，如槐叶萍；挺水性水草指根生于水底、叶伸出水面、花开在空中之类的水草，如大柳；中间性水草指那些无固定的根、茎、叶，生于水中之类的水草，如鹿角苔。

根据水草亲缘关系的生物学分类法，观赏水草是可分为藻类植物、苔藓植物、蕨类植物、双子叶植物和单子叶植物。藻类植物只有轮藻 1 种；苔藓植物含有 4 科属植物；蕨类植物含有 5 科属植物；双子叶植物含有

37 科属植物；单子叶植物含有 25 科属植物。

◆ 生长习性

水族箱中的观赏水草受到许多特定条件的限制。水族箱中种植的水草首先要有观赏的价值，其次要能在水族箱的环境中生长，再就是要能和水族箱中饲养的热带观赏鱼的生活环境相适应。水族箱中的水草的观赏性是从水草的颜色、水草的造型等方面考虑的。水草的颜色主要有红色和绿色两种，而水草造型则是千姿百态的。水草的观赏性受地域、时间、社会发展程度的限制，没有统一的标准。其中最重要的是观赏水草要与所饲养的热带观赏鱼能够同处一个水族箱中，即适宜生长的温度在 20 ~ 28℃。

◆ 价值

观赏水草是水族箱中必备元素，将水族箱中的景观更好地与自然融为一体，具有较高的观赏价值。观赏水草较盛行于市场，具有较好的市场前景。

狐尾藻

狐尾藻是小二仙草科狐尾藻属多年生粗壮沉水草本植物。又称轮叶狐尾藻。狐尾藻是世界广布种，中国各地池塘、河沟、沼泽中常有生长，常与穗状狐尾藻混在一起。

狐尾藻根状茎发达，在水底泥中蔓延，节部生根。狐尾藻茎圆柱形，长 20 ~ 40 厘米，多分枝。叶通常 4 片轮生，或 3 ~ 5 片轮生，水中叶较长，长 4 ~ 5 厘米，丝状全裂，无叶柄。裂片 8 ~ 13 对，互生，长 0.7 ~ 1.5

厘米。水上叶互生，披针形，较强壮，鲜绿色，长约 1.5 厘米，裂片较宽。狐尾藻秋季于叶腋中生出棍棒状冬芽越冬，苞片羽状篦齿状分裂。狐尾藻花单性，雌雄同株或杂性，单生于水上叶腋内，每轮具 4 朵花，花无柄，比叶片短。雌花生于水上茎下部叶腋中，萼片与子房合生，顶端 4 裂，裂片较小，长不到 1 毫米，卵状三角形；花瓣 4，椭圆形，长 2～3 毫米，早落；

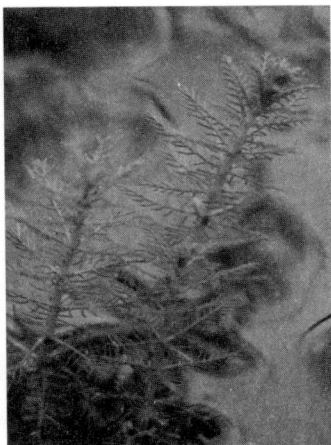

狐尾藻

雌蕊 1，子房广卵形，4 室，柱头 4 裂，裂片三角形。雄花中雄蕊 8，花药椭圆形，长 2 毫米，淡黄色，花丝丝状，开花后伸出花冠外。果实广卵形，长 3 毫米，具 4 条浅槽，顶端具残存的萼片及花柱。

狐尾藻喜无日光直射的明亮之处，性喜温暖，较耐低温，在 16～26℃ 的温度内生长较好，越冬温度不宜低于 4℃。

狐尾藻对富营养化水中的氮磷有较好的净化作用。适合室内水体绿化，是装饰玻璃容器的良好材料。当在室内进行水族箱装饰时，宜选用直径 3～5 毫米的砾石作为栽培基质。狐尾藻全草可作养猪、养鸭的饲料，还具有生态价值、观赏价值和经济价值。

金鱼藻

金鱼藻是植物界被子植物门基部类群金鱼藻目金鱼藻科金鱼藻属的一种。名出《动植物名词汇编》。金鱼藻为世界广布种，中国各地均有分布。金鱼藻生于池塘、河沟。

金鱼藻为多年生沉水草本植物。茎多分枝，长可达3米。叶4~12，轮生，1~2次二叉状分枝，裂片丝状或丝状条形，长1.5~2厘米，宽0.1~0.5毫米，先端带白色软骨质，边缘一侧有细锯齿，无柄；无托叶。金鱼藻花小，单性；雌雄同株。雄花具12枚先端具3齿并带紫色的苞片，无花被。雄蕊10~16枚。雌花具9~10枚苞片。雌蕊心皮1，子房1室，1胚珠，花柱钻形，宿存。金鱼藻坚果，光滑或具瘤突，长3.5~6毫米，宽2~4毫米，不裂。具3刺，顶生刺（宿存花柱）长0.5~14毫米，基部2刺向下斜伸，长0.1~12毫米，直或弯。金鱼藻花期在6~7月，果期在8~10月。

金鱼藻可作猪、鱼及家禽饲料。据《中华本草》记载，金鱼藻全草入药，性味甘、淡、凉，具有较高的药用价值。金鱼藻四季可采，晒干，主治血热吐血，咳血，热淋涩痛。金鱼藻亦常被用于水族观赏水草。

金鱼草

金鱼草是植物界被子植物门双子叶植物纲唇形目车前科金鱼草属的一种。因花瓣二唇形似金鱼状而得名。

◆ 分布

金鱼草原产于欧洲南部和地中海地区，南至摩洛哥和葡萄牙，北至法国，东至土耳其和叙利亚；世界各国广泛栽培作观赏。中国各大城市有栽培，是常见园林草本花卉。

◆ 形态特征

金鱼草为多年生直立草本，茎基部有时木质化，高可达80厘米。

茎基部无毛，中上部被腺毛，基部有时分枝。叶在下部对生，靠上部的常互生，具短叶柄；叶片披针形至矩圆状披针形，全缘，无毛。金鱼草顶生总状花序，整个花

金鱼草植株　　　　　金鱼草的花

序密被腺毛，自下而上开放；花两性，两侧对称，每朵花花梗长 5 ～ 7 毫米；花萼绿色基部合生，5 深裂，裂片卵形；花冠 5 枚合生，经人类长期栽培驯化出丰富多彩的颜色，从红色、紫色至白色均有；花冠长 3 ～ 5 厘米，二唇形，上唇直立，宽大，2 裂，下唇 3 浅裂，在中部向上唇隆起，封闭喉部，使花冠呈假面状，整个花冠似金鱼状；雄蕊 4 枚，2 强；雌蕊 2 心皮合生，中轴胎座，胚珠多数，柱头头状。蒴果卵形，长约 15 毫米，被腺毛，顶端孔裂，种子多数。金鱼草花期在 6 ～ 9 月。

◆ **生长习性**

金鱼草喜生于阳光下，能耐半阴；较耐寒但不耐酷暑；适于生长在疏松肥沃、排水良好的土壤中。本种原为广义玄参科的成员，分子系统学研究揭示它是车前科成员，现已归入车前科。

◆ **价值**

金鱼草在古罗马时期就被驯化，是世界上著名的观赏草本花卉，适宜花坛种植。中国各地均有种植。金鱼草全草可入药，具有清热解毒、

活血消肿之功效，可治跌打扭伤，疮疡肿毒。此外，由于金鱼草的基因组小（仅 510 兆碱基对），很多关键基因是在金鱼草中被首次发现。2019 年该种基因组已被中国科学院遗传与发育生物学研究所等合作单位揭示，将进一步成为分子生物学、分子遗传学和发育遗传学的模式植物。

浮　萍

浮萍是植物界被子植物门单子叶植物纲天南星目天南星科浮萍属的一种。名出《本草纲目》。

◆ **分布**

浮萍广泛分布在世界温暖地区。中国南北各省区均有分布。习见于水塘、水池、水田或水沟等静水地带。

◆ **形态特征**

浮萍为淡水漂浮生草本植物，整个植物为叶状体，具有单一丝状根，长 3 ～ 4 厘米。浮萍叶状体平坦，绿色，近圆形、倒卵形或倒卵状椭圆形，全缘，叶脉 3 条。叶状体下面一侧有囊，新叶状体从囊内伸出并浮于水面，有细柄与母体相连，不久即脱落浮水生长。浮萍花单性，雌雄同株，具有膜质佛焰苞，二唇形。每个花序有雄花 2 朵，雌花 1 朵。雄花有雄蕊 2，花丝很细。雌花子房 1 室，

浮萍

胚珠单生。浮萍果实无翅或具有向顶端侧伸的翅，种子具有 10 ～ 16 条明显的肋，胚乳凸出。浮萍花果期在 5 ～ 9 月。

◆ **价值**

浮萍全草可作猪、鸭的饲料，也是池塘草鱼的饵料。据《中国植物志》记载，其全草入药能发汗、利水、消肿毒，可用于治疗风湿脚气、风疹热毒、衄血、水肿、小便不利、斑疹不透、感冒发热无汗等症。

本书编著者名单

编著者 （按姓氏笔画排列）

丁兰平	丁翔飞	凡迎春	王　东
王　峰	王　磊	史　燕	吉　钰
成　果	成庆泰	朱新平	伍汉霖
伍惠生	刘　静	刘云礼	孙　宇
杜　宇	李　阳	杨君兴	杨德国
吴　青	何文辉	何恺轩	邹奥锟
张玉玲	张纬宇	张敬丽	陈再忠
陈德昭	林　强	周开亚	段　明
俞　丹	徐　灿	徐东坡	唐文乔
唐琼英	龚世平	章之蓉	尉　鹏
彭　啸	葛　红	傅承新	傅毅远
温　彬	魏　东		